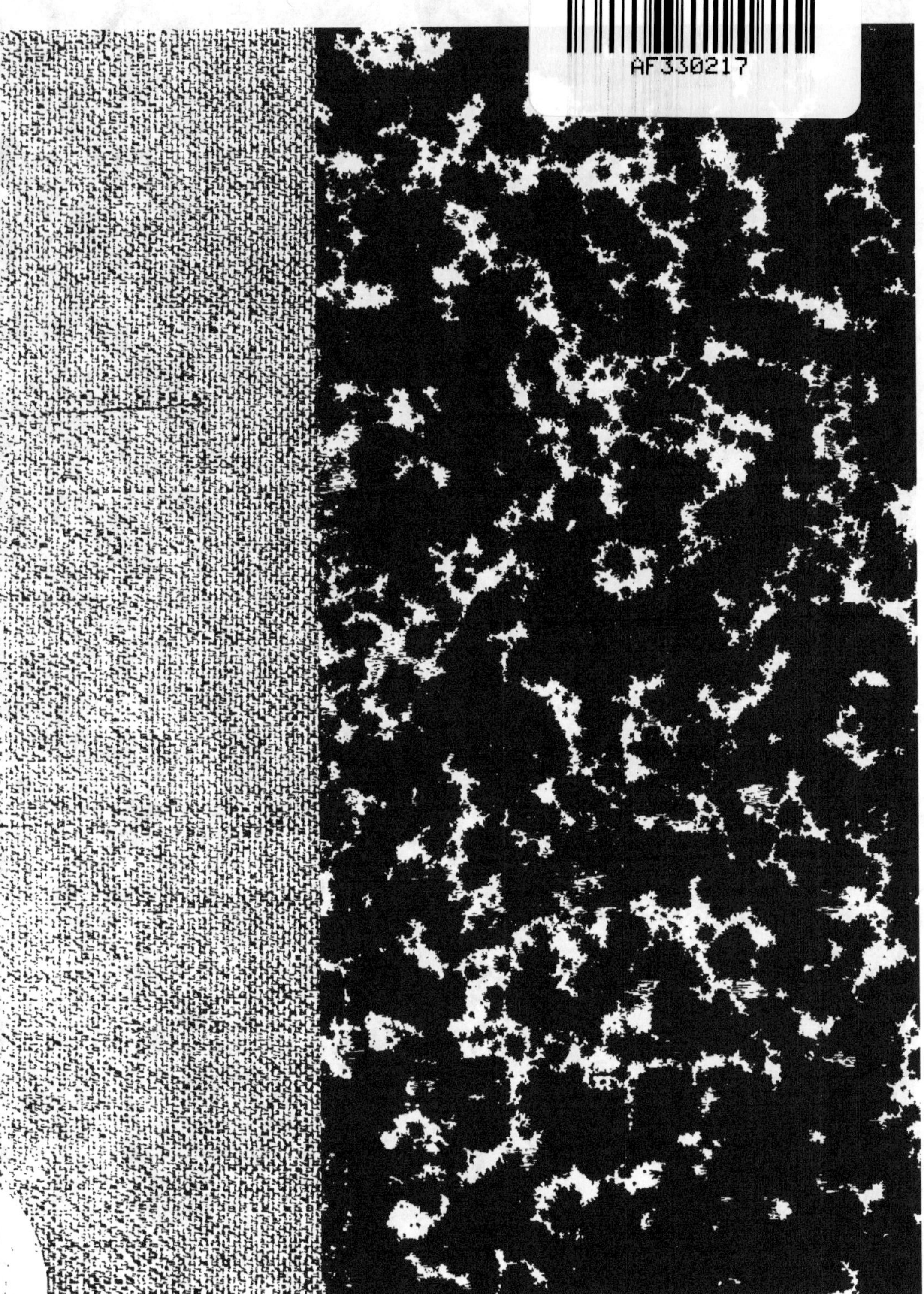

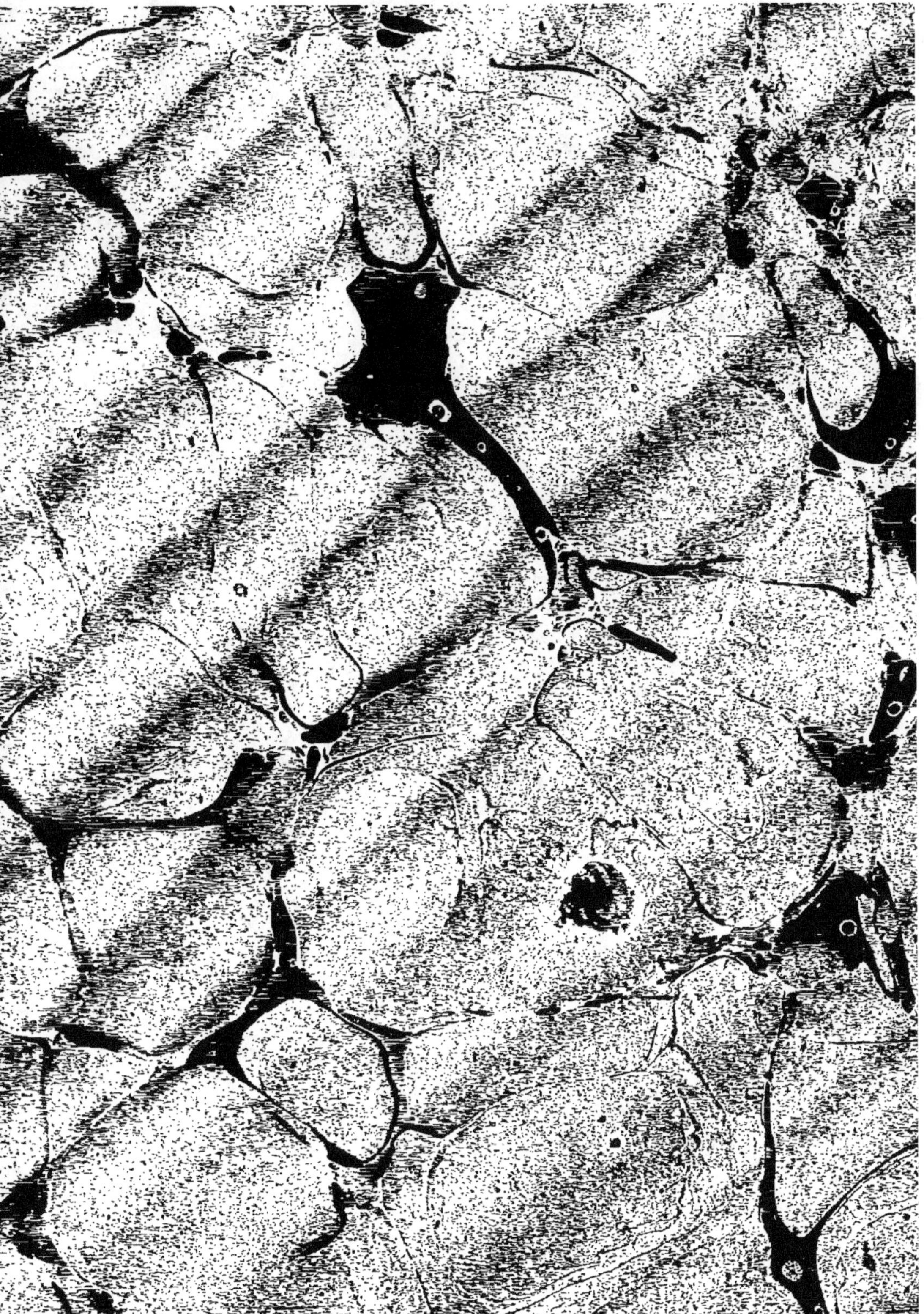

VOYAGE

DANS L'INDE.

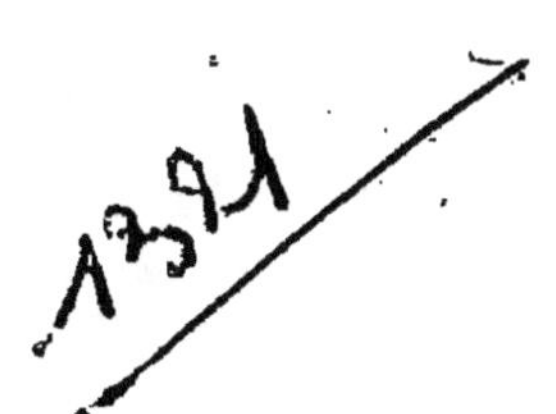

PARIS. — IMPRIMERIE DE Vᶜ DONDEY-DUPRÉ,

Rue Saint-Louis, 46, au Marais.

VOYAGE

DANS L'INDE,

NOTES RECUEILLIES EN 1838, 39 et 40,

PAR St.-HUBERT THEROULDE.

PARIS.

BENJAMIN DUPRAT,

LIBRAIRE DE L'INSTITUT ET DE LA BIBLIOTHÈQUE ROYALE,

Rue du Cloître-Saint-Benoît, n° 7.

1843

PRÉFACE.

———

Les circonstances défavorables au milieu desquelles j'exécutai mon voyage dans l'Inde ne me permirent pas d'obtenir les résultats que j'avais espérés. Je pensais pouvoir retourner dans l'Inde avec des connaissances et des ressources plus grandes, surtout avec l'expérience d'un premier voyage, obtenir des résultats plus complets. C'est dans cette pensée que j'ai différé jusqu'à présent la publication de cette relation, qui n'est qu'une ébauche imparfaite.

Mon voyage est le premier qui ait été entrepris et exécuté dans l'intérêt des études littéraires et archéologiques de l'Inde ancienne. Sans prétendre qu'un voyage ne puisse être utile au progrès de ces études, je n'hésite pas à affirmer qu'on se fait beaucoup d'illusions sur le succès, et principalement sur les moyens d'exécution d'une pareille entreprise. Il n'y a presque rien à faire pour un voyageur étranger dans les pays soumis au pouvoir de la Compagnie anglaise. Il y a beaucoup à faire dans les pays indépendants; mais un voyageur étranger ne doit espérer trouver nulle part les mêmes facilités que les Anglais, ni espérer voyager à peu de frais. Au reste, l'Inde est très-intéressante à visiter, soit qu'on veuille faire des découvertes nouvelles, soit qu'on veuille simplement vérifier ce qui est déjà connu. Je souhaite que la faible esquisse que je publie serve à guider les pas d'un voyageur plus heureux et plus habile.

J'ai fait le voyage entièrement à mes frais; je ne pus obtenir mon passage sur un bâtiment de l'État. Je partis, emportant les instructions de l'Académie des Inscriptions et Belles-Lettres, accompagnées d'une lettre de M. le mi-

nistre de l'instruction publique, qui
servit à établir mon caractère auprès
du gouvernement de la Compagnie anglaise. J'emportais aussi, pour des personnes importantes dans l'Inde, des
lettres d'introduction que je devais à
l'entremise obligeante de M. E. Burnouf, mon professeur; de M. Mohl
et de M. le major Troyer, auprès de
M. Wilson et de sir Alexander Johnson.
C'est surtout à sir Alexander, le patron
des voyageurs dans l'Inde, que je suis
le plus redevable pour l'accueil et la
protection que j'ai reçus dans tout le
cours de mon voyage; et je serais heureux qu'il voulût bien agréer ici l'hommage de ma vive reconnaissance.

VOYAGE DANS L'INDE.

CHAPITRE PREMIER.

Calcutta. — Bords de l'Hougli. — Édifices et rues de Calcutta. — Société asiatique. — Collége sanskrit. — Sociétés religieuses. — Coutumes indiennes. — Serviteurs natifs. — Manière de vivre. — Traite des Coulis. — Serampour. — Chandernagor.

Je m'embarquai à Gravesend le 10 août 1837. N'ayant pas obtenu mon passage sur un bâtiment de l'état, je préférai voyager sur un bâtiment anglais, où j'espérais me rencontrer avec des personnes qui, ayant déjà été dans l'Inde et y occupant une position, pourraient m'aider de leurs conseils et me prêter leur appui pour l'exécution de mon voyage.

Après une traversée fort heureuse, nous mouillâmes devant Calcutta le 17 décembre 1837.

Calcutta est sur l'Hougli, une des branches du Gange. La navigation en est très-difficile, surtout quand il faut remonter en hiver, époque à laquelle le vent du nord souffle presque constamment. Il y a, pour remorquer les navires, des bateaux à vapeur, qui se payent 400 *roupies* (1,000 fr.) par jour.

Le Gange, à son embouchure, se divise en une infinité de branches enveloppées par deux branches principales, qui forment le Delta indien. Cette partie de la côte est tout à fait inabordable. On lui a donné le nom de *Sanderband*. Les pilotes se tiennent sur de petits navires en avant de l'embouchure du fleuve. Ils reçoivent un traitement fixe de la Compagnie. Leurs navires sont très-soignés. Des malades à qui on ordonne de prendre l'air de la mer vont y passer quelques semaines et payent de fortes pensions. C'est une source de profit pour les pilotes, qui mènent grand train, ont des domestiques et vont à Calcutta en équipage.

A l'entrée de la rivière, un officier de la douane vient s'installer sur les navires. Ces officiers de la douane, non plus que les pilotes, ne ressemblent en rien à ceux d'Europe. On est, au premier abord, frappé de la grandeur et de la libéralité du service de la Compagnie anglaise. On n'éprouve à la douane aucun des désagréments si fréquents en Europe. Les passagers sont crus sur leur déclaration, et leurs bagages sont à peine visités.

Les bords du Gange sont plantés de beaux arbres toujours verts, du milieu desquels se détachent les pagodes et les chaumières indiennes. Çà et là sont des bosquets de cocotiers, de palmiers et de bananiers. Une race d'hommes, noire et chétive, se tient sous leurs ombrages. Ils viennent sur de petites barques offrir aux passagers les fruits du pays. Aux heures de repos, ils descendent à la rivière faire leurs ablutions. Hommes, femmes et enfants y viennent ensemble, sans que la vue en soit choquée. Ils paraissent, selon l'expression du révérend évêque Héber, comme vêtus de leur couleur. Le soir, on entend leurs chansons et le bruit éloigné des tam-tams, auxquels se mêlent les plaintifs hurlements des jackals. La mer en se retirant découvre les bords fangeux du fleuve, où viennent s'étendre d'énor-mes caïmans. Ils sont à moitié enfoncés dans la bourbe, et ressemblent de loin à des troncs d'arbres abandonnés. Une jeune fille, son voile rabattu sur le visage, passa à quelques pas de l'un d'eux, sans paraître s'apercevoir de la présence du monstre, qui resta immobile.

En approchant de Calcutta, le mouve-ment des navires, qui montent et qui des-cendent le fleuve, les jonques chinoises avec leurs voiles bariolées, et les belles villas bâties sur les bords de la rivière, don-

nent un nouvel aspect au paysage. Cett
vue, qui succède à la triste monotonie d
spectacle de la mer, impressionne vive
ment. Cette nature toute nouvelle, con
nue jusqu'alors seulement par des des
sins et des descriptions, réveille de ro
mantiques souvenirs; je ne me lassai
pas de l'admirer. On est, d'un autre côté
désagréablement affecté par la vue des ca
davres qui flottent sur les eaux et par l'o
deur de ceux qu'on brûle sur les rivages
Il s'en dépose un grand nombre sur le
bords du fleuve. Les chiens, les vautour
et les corbeaux se les disputent. Dans l
ville même, les cadavres circulent au milieu
des navires. Ce spectacle continuel choqu
tellement la délicatesse de quelques Européens, qu'ils ne boivent jamais de l'eau

de la rivière. Les Indiens pauvres jettent les cadavres dans les fleuves ; les plus riches les brûlent, et l'odeur s'en répand au loin, non moins dégoûtante par elle-même que par l'idée qu'elle rappelle.

On appelle Calcutta la ville des palais, à cause du style grandiose de ses maisons particulières. On y trouve aussi beaucoup de monuments d'art et d'utilité ; des chantiers de construction pour les navires, des forges et des ateliers pour la construction des machines à vapeur, un fort, un palais pour le gouverneur, des églises, des quais, une douane, une monnaie, une banque, des étangs avec promenades à l'entour, des colléges, un hôpital, un hôtel de ville, un palais de justice, une salle de spectacle et d'autres édifices encore. Aucun n'est

très-remarquable sous le rapport de l'art,
mais l'ensemble en est magnifique. En
abordant à Calcutta, le fort, les vastes parterres du Chowringhi, la colonne qui s'é-
lève au milieu, les belles maisons qui les
entourent, le palais du gouverneur et
les mâts des navires qui couvrent la rivière, font un des plus beaux panoramas
du monde. Calcutta est sans contredit la
plus belle ville de l'Inde; seulement, tout
y est moderne.

Les maisons particulières ont des por-
tiques, des colonnes, des galeries et de
vastes salles de réception. La simplicité
de l'ameublement les fait paraître encore
plus grandes. Le toit des maisons est plat
et forme une terrasse qui sert de promenade. Les maisons des natifs enfer-

ment une cour où est un réservoir d'eau pour répandre la fraîcheur dans l'intérieur. Les varangues (1) donnent sur les cours, afin que les femmes puissent se promener sans être vues.

Les rues de la ville ne répondent pas à la splendeur des édifices. Généralement elles contiennent d'un côté un ruisseau d'eau courante, où les natifs viennent faire leur toilette, et de l'autre côté, un ruisseau d'eau croupie, qui séjourne des mois entiers à la même place. L'odeur en est suffocante, et doit contribuer à l'insalubrité de la ville. Il est incroyable que les Anglais, si soigneux d'ailleurs, supportent une pareille abomination.

(1) Galeries ouvertes.

1.

L'entretien de la propreté des rues de la ville et l'enlèvement des immondices est abandonné en grande partie aux cigognes, que la police anglaise a prises sous sa protection. On est mis à l'amende quand on tue un de ces oiseaux.

De l'autre côté de la rivière est le jardin botanique, vaste parc peu fréquenté. On est très-bien accueilli des administrateurs, et toutes les facilités sont offertes pour étudier.

Le local destiné aux séances de la Société asiatique comprend un musée, un cabinet d'histoire naturelle et une bibliothèque, qui s'enrichissent tous les jours. Le local est maintenant trop petit, et une grande quantité de statues et de pierres portant des inscriptions sont dans la cour. Cette

Société, qui fut fondée par sir William Jones, pour devenir le centre de toutes les connaissances qui intéressent l'Inde, a parfaitement rempli le vœu de son fondateur. Les littérateurs, les antiquaires, les naturalistes et les industriels s'y réunissent, et viennent y apporter les résultats de leurs communs efforts. Dans ces derniers temps, un engouement excessif pour les sciences naturelles menaçait d'arrêter le progrès des études littéraires. Les publications de livres sanskrits avaient été interrompues. Heureusement ce ne fut pas pour longtemps, et je pus, avant de quitter Calcutta, en adresser des remercîments à la Société, au nom de tous les amateurs de la littérature sanskrite. C'est principalement au zèle de James Prinsep, à la fois archéologue et naturaliste, qu'on est redevable de ce service. Ce fut malheureusement le dernier que rendit à la science cet homme si distingué par la variété de ses connaissances et l'aménité de son caractère.

Il y a trois colléges : le collége sanskrit, le collége musulman et le collége anglo-indien. Au collége sanskrit, on fait un cours complet d'éducation en sanskrit. On y enseigne la grammaire de Vopadeva (1), la rhétorique, la législation, les mathématiques et l'astronomie. J'assistai à quelques cours : on laisse les élèves libres de parler et de remuer. Le calme

(1) Vopadeva est, après Panini, le plus célèbre grammairien sanskrit. Sa grammaire est intitulée *le Mugda Bodha.*

et la gravité, qui font le caractère distinc-
tif des Orientaux, ne leur sont pas commandés dans leurs écoles. Les pandits
appliquent la prononciation de la langue
vulgaire à la langue savante. Cette prononciation est barbare et fausse, contraire
aux définitions données par la grammaire.
Il n'y a plus sentiment de mesure ni
d'harmonie. Ils prononcent les trois sif-
flantes comme la linguale *ch*. Ils ne prononcent les *a* brefs ni au milieu ni à la
fin des mots; et en escamotant les voyelles
ou en s'arrêtant sur les nasales finales, ils
font les contorsions de bouche les plus
pénibles. Ces cours sont assez fréquentés;
mais cette éducation, qui n'est pas pratique, ne conduit à rien; et les élèves, une
fois sortis de l'école, y deviennent bien-

tôt indifférents, comme il arrive généralement en Europe pour les études classi-
ques de collége. La plupart des vieux
pandits ne parlent que le bengali; beaucoup de jeunes parlent anglais. J'en pris
un pour étudier. Il ne pouvait expliquer
les passages difficiles de la grammaire,
qu'il disait avoir apprise par cœur comme
tous les autres, sans y rien comprendre.
Au reste, il expliquait bien les autres livres sanskrits. Il fut complétement muet
sur tous les sujets qui avaient quelque
rapport avec la religion; il se refusa même
à lire avec moi le deuxième livre de Manou, dont le commentaire contient quelques mots du Véda. Ils sont moins scru-
puleux et plus communicatifs avec les
Anglais riches qui occupent des places

élevées. C'est avec leur secours que les Anglais ont fait leurs premières traductions et composé leurs premières grammaires et leurs dictionnaires ; mais on se tromperait en croyant obtenir quelque chose d'eux par la familiarité et les politesses.

J'avais des lettres de M. le major Troyer pour Radha-Kanteb, natif très-riche et très-considéré. Je lui demandai un dictionnaire qu'il a composé, et dont il fait cadeau à beaucoup de personnes. Je ne l'obtins pas. On me dit que la visite que je lui avais faite devait m'avoir déconsidéré à ses yeux, et qu'il ne fallait pas expliquer autrement son refus. Il n'y a que la fortune et le pouvoir qui réussissent auprès des natifs hindous.

Beaucoup d'Indiens suivent les cours

d'anglais, d'hindoustani et de persan. Ils entrent dans les offices où la connaissance de ces langues est nécessaire.

Il y a beaucoup de sociétés pour la propagation de la religion. Elles ont peu de succès, et un membre du clergé anglican me disait qu'on remarquait les progrès du catholicisme romain, qui est pourtant fort peu encouragé. Comme les populations sont très-sensibles à la pompe extérieure et que le clergé anglican a partout un train et des manières plus propres à séduire, que nos pauvres missionnaires avec leur lugubre accoutrement, il faut attribuer le peu de succès des sociétés bibliques à la rigidité avec laquelle elles enjoignent la lecture de la Bible. Les natifs lisant sans y être préparés nos histoires

saintes, n'en sont pas beaucoup plus édi-
fiés que des leurs. Quelques-unes de ces
histoires choquent trop fortement leurs
préjugés (1). Ils paraissent, au reste, fort
indifférents. Le plus grand nombre de
prosélytes se fait pendant les temps de disette, où l'on recueille un grand nombre
d'orphelins abandonnés.

La société à Calcutta est très-nombreuse
et très-gaie. Quand le gouverneur y ré-
side, il y a réception chaque semaine. On
danse beaucoup, et le goût de la danse
est général chez les Anglais de l'Inde. Ils
appellent la danse le plaisir français, sans
se douter qu'un grand nombre d'entre

____

(1) Par exemple le veau gras que l'on tue au retour
de l'enfant prodigue. Le bœuf est un animal sacré aux
yeux des Hindous.

eux, eu égard à leur âge et à la position qu'ils occupent, seraient ridicules chez nous par leur passion pour la danse. Quelques natifs importants sont admis à ces réunions. Le gouverneur va même chez quelques-uns qui donnent de brillantes fêtes, entre autres Dwarkanauth-Tagore, riche *babou* ou commerçant, qui était dernièrement à Paris, et dont on faisait un prince indien.

Les anciens usages indiens sont en vigueur ; seulement il s'offre dans leur application des singularités remarquables. Ainsi, les lois attribuent à chaque caste un emploi spécial : aux Brahmanes l'étude et l'enseignement des Védas, aux kchatryas la guerre et la protection des villes et des peuples ; aux vècyas le commerce, aux sudras l'obéissance aux ordres des autres castes. Les lois défendent de manger de la nourriture préparée par un individu de caste inférieure. Il en résulte que les riches Indiens ont des Brahmanes pour cuisiniers et des kchatryas pour portiers. Ces deux castes remplissent les mêmes emplois auprès des Européens. Radha-Kanteb n'est qu'un sudra, mais il est riche, il entretient auprès de lui beaucoup de Brahmanes, et il est très-considéré : c'est une faveur qu'il doit à sa fortune. Le pouvoir de l'argent est le même partout. On trouve un grand nombre de Brahmanes pauvres, qui profitent de l'autorisation que leur donnent les lois quand ils sont dans l'*apad* (l'infortune), pour exercer toutes sortes d'industries.

J'en ai connu qui étaient charretiers et porteurs de palanquins. Les Hindous font strictement les ablutions prescrites par les lois : ils prennent l'eau à plusieurs reprises, et s'inondent les yeux et la bouche. Quoique l'Hougli soit réputé une des branches les plus sacrées du Gange, ce n'est pas certainement à la vue de ses eaux fangeuses que le législateur aurait imaginé de prescrire de semblables ablutions. Les natifs se baignent avec leurs vêtements, qu'ils laissent sécher sur eux, même pendant l'hiver, où le froid est assez vif pour être sensible aux Européens. Partout dans la ville sont des images de Civa et des autres divinités, devant lesquelles les dévots se prosternent publiquement en faisant mille contorsions. On rencontre des faquirs qui ont fait vœu de marcher un bras levé ou sur les genoux, ou qui se sont imposé toute autre pratique de ce genre. On rencontre aussi les bœufs sacrés, que les Hindous mettent en liberté à l'occasion d'un événement important de famille. J'ai assisté à une fête religieuse (*poudja*); j'ai vu des fanatiques s'attacher à une poutre mobile par des crochets de fer qu'ils s'enfoncent dans le corps, et tourner suspendus à cette poutre en jetant des fleurs et de la poudre rouge sur les assistants. Le sourire est sur leurs lèvres pendant que le sang ruisselle de leurs plaies. Les Anglais tolèrent leurs superstitions. En temps de persécution, les martyrs ne manqueraient pas.

Dès qu'on débarque à Calcutta, il vient

s'offrir un grand nombre de serviteurs natifs apportant des certificats de maîtres européens qu'ils prétendent avoir servis. Ils se les prêtent et se les achètent les uns aux autres. Ils n'en connaissent pas le contenu, et quelques certificats témoignent que ce sont des fripons. Les simples matelots et les domestiques européens louent les services de ces natifs. Les domestiques européens devenus maîtres à leur tour se font servir, reçoivent le titre honorifique de *çaheb* (seigneur), et vont dans la ville se promener en palanquin. Pendant ce temps, le capitaine et les officiers du navire prennent des serviteurs natifs : il répugne d'exposer un Européen à l'état de domestique. Les emplois subalternes dans l'administration sont remplis par des natifs qui savent parler anglais. Beaucoup de commerçants parlent aussi l'anglais, dont la connaissance se répand chaque année davantage. Quelques-uns parlent français. On peut très-bien se tirer d'affaire à Calcutta avec l'anglais et quelques mots d'hindoustani-ourdou. La langue la plus répandue est le bengali, qui est parlé par les Hindous; mais on a peu occasion de l'employer. Les commerçants savent l'anglais; les vieux pandits sont fort peu communicatifs, et la connaissance de leur langue ne serait pas, je pense, d'une grande utilité.

On trouve à Calcutta de très-bons hôtels et toutes les ressources des grandes villes d'Europe. C'est un pays de transi-

tion entre les mœurs européennes et les
mœurs natives, et il est très-utile à un
voyageur d'y séjourner quelque temps;
d'ailleurs, quelque genre d'étude qu'on
ait embrassé, Calcutta est intéressant à
cause de son musée, de sa bibliothèque
et de son jardin botanique. C'est une ville
immense d'industrie et de commerce. On
y retrouve les cérémonies, les fêtes et les
superstitions de la religion brahmanique
et musulmane. Les natifs admettent les
Européens aux fêtes qu'ils donnent chez
eux aux grandes époques religieuses, faveur qu'on n'obtiendrait pas, je pense,
dans les hauts pays. C'est aussi à Calcutta
qu'on trouve les pandits les plus instruits
et les meilleurs professeurs de persan et
d'hindoustani, deux langues dont la con-

naissance est indispensable pour voyager dans l'Inde.

Les dépenses de la vie matérielle sont considérables. Le luxe est d'obligation, et quoiqu'à bon marché, il ne laisse pas d'être assez onéreux. On a continuellement besoin de s'adresser à des personnes qui occupent une position élevée, et pour se faire accueillir d'elles, il faut se conformer à la manière de vivre en usage.

Le prix des hôtels ordinaires est de 6 *roupies* (15 fr.) par jour, ou de 100 roupies (250 fr.) par mois (1). Il faut avoir au moins un domestique, qui coûte 8 roupies par mois. Un blanchisseur revient à environ 9 roupies. Les cabriolets se louent 8 roupies par jour, et 150 roupies par

(1) La roupie vaut environ 2 fr. 50 cent.

mois. Les palanquins, portés à dos d'hommes, se louent 25 roupies par mois. On
en trouve sur place. Ce genre d'équipage
est, pour ainsi dire, abandonné par les
Européens : c'est à coup sûr le plus commode et le plus agréable quand on y est
accoutumé.

Une visite de médecin se paye 16 roupies; un bon mounshi, ou professeur de
persan et d'hindoustani, et un bon pandit
ou professeur de sanskrit, se payent de
25 à 30 roupies par mois. Si l'on aime
mieux tenir maison, ce qui est préféra-
ble pour s'accoutumer aux natifs, les dépenses sont à peu près les mêmes. Une
maison convenable se loue de 40 à 50
roupies par mois. Il faut avoir un grand
train de domestiques. Chacun d'eux ne

fait que son service spécial. L'homme qui essuie la table en appelle un autre pour balayer à terre.

Les bazars ont beaucoup perdu de leur importance depuis l'établissement des magasins européens et des salles de vente à l'encan. Les objets fabriqués par les natifs sont à bon marché, mais on y est très-souvent trompé. Les articles européens sont très-chers.

Il y a un ou deux cafés où l'on prend des glaces. La glace vient d'Amérique. On achète toute celle qui en vient, qu'on en ait ou non besoin. Je cite cet exemple, qui montre combien dans les plus petites choses tout se fait libéralement.

Les équipages sont très-soignés. On n'admet pas dans la ville les éléphants et

les chameaux, qui effrayeraient les chevaux. Calcutta est la seule ville où cette
défense existe.

On trouve à placer son argent chez les
natifs à 9 pour cent, compte courant, et
à 12 pour cent à trois mois. 12 pour cent
est le taux d'usage ; c'est l'escompte que
l'on fait sur les achats les moins importants. Les banquiers européens ne donnent pas un taux d'intérêt si élevé. La
banque de Bengale ne donne que 4 pour
cent.

L'usure n'est pas prohibée. Quelquefois on ne trouve à emprunter qu'à
50 pour cent. Je ne sais pas si cette circonstance a été suffisamment prévue par
nos législateurs, et comment on pourrait
interpréter quelques articles du code de

commerce sur les emprunts que les capitaines sont autorisés à faire.

Il se fait à Calcutta, entre autres com-
merces, une espèce de traite, la traite
des Coulis; on engage, par l'appât de
grands avantages, des malheureux à s'ex-
patrier pour les îles où l'esclavage est
aboli. Ils ne peuvent savoir ce qu'ils
font. On les entasse dans des entreponts
de navires spécialement destinés à cet
usage. De peur qu'ils ne s'échappent, on
les laisse étouffer dans ces entreponts,
pendant tout le temps qu'on descend la
rivière, et je sais de très-bonne source
qu'il y a des exemples de ces malheureux captifs qui sont morts de soif et de
chaleur, en descendant la rivière. Des
personnes témoins de ces scènes, de

vrais philanthropes qui protestent de bonne foi contre la traite des nègres, protestent aussi contre cette traite d'un nouveau genre. Mais le gouvernement ne paraît pas s'en émouvoir. On trouve dans le Bengale, qui est la partie la plus riche de l'Inde, des hommes qui travaillent pour une ou deux roupies par mois, sans être nourris. Il ne peut y avoir d'esclaves à si bon marché. Les Anglais, qui poursuivent partout l'abolition de la traite sous prétexte de philanthropie, devraient au moins ne rien faire qui laissât supposer d'autres motifs à leur zèle.

En remontant la rivière, on trouve la maison de plaisance du gouverneur à Barrackpour et plusieurs établissements étrangers. L'établissement des Danois à

Serampour servit, pendant la guerre du continent, aux Anglais qui faisaient le commerce sous pavillon danois. Les Danois, de leur côté, recevaient des commissions, et ils s'enrichirent beaucoup. A l'époque de la rupture forcée entre l'Angleterre et le Danemarck, quelques officiers anglais traversèrent la rivière et n'eurent pas honte de s'emparer des richesses de leurs anciens alliés abandonnés sans défense. Depuis ce temps Serampour est devenu une simple résidence de missionnaires. Ils y ont établi une imprimerie où ils ont imprimé la Bible, traduite dans les différents idiomes de l'Inde. Ils continuent encore à faire des publications de livres hindoustanis, persans et sanskrits.

Chandernagor est à six lieues de Calcutta. Les navires n'y peuvent plus remonter. Il faut continuellement creuser des canaux pour assurer la navigation jusqu'à Calcutta, et peut-être la nature finira-t-elle par triompher de tous les efforts de l'art. Cette partie de l'Inde contient un sol considérable d'alluvion. Le triste état de Chandernagor et le misérable traitement des employés donne dans l'Inde une pauvre idée du nom français. Toutes les transactions commerciales se font à Calcutta. Les capitaines de navire étaient encore, il y a deux ans, obligés de faire régler leurs papiers à Chandernagor, ce qui leur occasionnait des frais et une perte de temps considérables. On a depuis établi un consul où plutôt un agent faisant les fonctions de consul, mais les attributions de cet agent sont peu étendues, et il n'en est pas résulté un grand avantage.

Il faudrait renoncer à Chandernagor, avoir à Calcutta même un agent avec de pleins pouvoirs, bien versé dans la connaissance du commerce de l'Inde, quoique non commerçant lui-même, parce que la nécessité de recourir à son ministère lui assurerait trop d'avantages sur les autres; il faudrait surtout qu'il fût bien payé et qu'il pût représenter dignement la France.

Le site de Chandernagor est élevé et le plus salubre de toute la contrée environnante. L'hôtel du gouvernement est délabré et les murs de son jardin tombent en ruines. Une compagnie de 24 sipahis, un tribunal de première instance, dont les juges et le président sont moins rétribués que le dernier membre d'un office anglais, et quelques arpents de terre, sont tout ce qui reste de la puissance de la France dans cette partie de l'Inde.

CHAPITRE II.

Il y a des bateaux à vapeur qui remontent le Gange depuis Calcutta jusqu'à Allahabad. Pendant l'hiver on est obligé de descendre les *Sanderbands* pour prendre le grand Gange; mais à la saison des pluies la crue des eaux permet de prendre la route directe de l'Hougli et la Baghirathi. Pendant les pluies les routes sont souvent interceptées par les eaux.

Les bateaux du pays ne peuvent lutter contre le courant. Il faut attendre le vent, qui amène avec lui des tempêtes furieuses. Les bateaux à vapeur sont donc à peu près le seul moyen de remonter le Gange à cette époque. Le Gange, grossi par les pluies et par la fonte des neiges, entraîne tout dans son cours. Il forme de nouveaux bras, s'étend comme une mer, puis se retire. Des villages et des contrées entières disparaissent tout à coup. Je quittai Calcutta le 10 juillet et je pus être témoin de ces scènes de désolation. Mais alors les bords du Gange sont plus magnifiques que jamais. Les plaines s'étendent au loin, couvertes d'une riche verdure. Les jardins de manguiers, les pagodes blanches, les belles habitations

des indigotiers, les villes et les villages
qui s'élèvent sur les bords du Gange,
çà et là des ruines, des villages et des
cimes d'arbres submergés, font tour à
tour un spectacle de gaieté, de majesté et
de tristesse. Les villes importantes que
je visitai en remontant jusqu'à Bénarès,
sont Mourshedabad, Radjmahal, Monghyr, Patna, Dinapour, Boxar et Ghazipour. Aucune de ces villes ne présente
de monument curieux d'antiquité indienne. Mourshedabad est une ville musulmane. Les maisons des habitants sont
de simples chaumières construites avec
des joncs et des bambous. Le plus bel
édifice est un palais dans le style d'architecture européenne, bâti pour le Narab,
qui n'y habite jamais. Mourshedabad

était, avant Calcutta, le siége du gouvernement de la Compagnie anglaise. La
ville ne conserve de son ancienne splendeur qu'une très-belle route sur les bords
de la rivière et des quais. C'est une place
importante pour le commerce. Il y a une
douane native où l'on prélève un impôt
sur les voyageurs passagers. Généralement on ne visite pas leurs bagages.

Les sites de Radjmahal et de Monghyr
sont montagneux et boisés. Près Monghyr sont les rochers de Sultanyange, sur
l'un desquels s'élève une pagode dorée.
Les rochers environnants sont couverts
de bas-reliefs représentant des divinités
indiennes. La crue des eaux m'empêcha
de les voir. Il y a dans les montagnes ro-
cailleuses de Radjmahal et de Monghyr

des excavations où vivent des dévots as-
cétiques qui se sont voués à l'inaction.
On voit en nature tous ces *Çri bagavan*
(bienheureux), avec la chevelure hérissée
et en désordre, absorbés dans le sommeil
de la méditation, qui trouvent leur sa-
tisfaction en eux-mêmes. Il est impossible d'imaginer de plus infâmes fai-
néants.

Patna est une ville de commerce importante. C'est là qu'est le grand entrepôt pour l'opium. Rien dans son aspect
et ses ruines ne peut la rattacher à l'antique Palibothra, plus que toute autre ville
située au confluent de deux rivières.

A Ghazipour et Boxar sont les haras de la
Compagnie. On élève à Boxar les poulains
jusqu'à deux ans, et à Ghazipour depuis

deux ans jusqu'à quatre. Les chevaux qui atteignent une taille déterminée se vendent 1000 roupies, ceux qui restent au-dessous de cette taille se vendent 500 roupies. Les chevaux de rebut se vendent à l'encan. On donne une prime de 50 roupies aux cultivateurs qui amènent leurs juments pour être saillies. Mais les poulains appartiennent à la Compagnie. Presque tous les étalons sont anglais, quelques-uns sont arabes. Les Anglais se sont ainsi affranchis de la nécessité de recourir aux marchés natifs. C'est une belle race de chevaux, mais qui pèche généralement par les jambes.

Bénarès est la ville classique de l'Inde, la plus curieuse pour un amateur de l'antiquité indienne; toutes les traditions s'y

sont conservées. Les monuments musulmans sont en décadence, tandis que les
monuments indiens se relèvent. Les
ghâts sont magnifiques. Ce sont de larges escaliers par où les populations descendent à la rivière pour se baigner.
Au-dessus s'élèvent des palais, des maisons, des temples musulmans et indiens.
L'architecture des simples maisons est
chargée d'ornements. Elles sont à plusieurs étages; à chaque étage il y a des
colonnes et des arcades. La vue générale
prise de la rivière en est magnifique (1).

Il y a dans la ville un grand nombre
de temples et de pagodes, et de simples

(1) Les dessins de la ville et de ses principaux monuments ont été publiés par J. Prinsep.

lingas (1), dont les faquirs indiens assié-
gent les abords. Ils paraissent calmes et
recueillis, mais ils se jettent tout à coup
sur l'argent qu'on leur présente. Il y a
aussi beaucoup d'étangs et de puits sacrés; si sales et si puants qu'ils soient,
les dévots viennent s'y baigner.

Les rues de la ville sont très-étroites.
Les unes sont bordées de rangs de boutiques illuminées le soir par des lam-
pions, les autres sont bordées de grands
murs sombres sans jours. La population
y fourmille. On entend de tous côtés le
bruit des tamtams et des chansons. On
rencontre des processions, des mariages,
des morts qu'on conduit à la rivière et
autour desquels on chante et on jette des

(1) Emblème de Civa figuré par un phallus.

fleurs pour éloigner le mauvais esprit. Toutes ces cérémonies sont fort animées, on se croirait à une fête continuelle..

Aux environs de Bénarès est le monument de Çarmat. En le fouillant, on trouva un grand nombre de statues parfaitement conservées, dont il reste encore quelques-unes éparses çà et là tout autour. Elles sont grossièrement faites, mais le type distingué de la figure indienne des hauts pays s'y retrouve. La masse du monument est en briques recouvertes d'énormes pierres de taille. Le monument n'est pas loin d'un *tirtha* (étang sacré) planté de banians. Il y en a un autre de la même forme qui lui sert de pendant. On l'a également fouillé, mais on n'a rien trouvé.

De l'autre côté du Gange, à Ramna-
gar, est le palais du Radja de Bénarès et
un temple indien moderne, couvert de
mauvaises sculptures. Le principal objet
scientifique est le lath de Bithari, à quelques lieues de Bénarès. Il porte une inscription assez longue. Les lettres sont
profondément gravées dans la pierre, et,
de loin, on croit pouvoir en obtenir une
belle empreinte ; mais comme elles sont
usées sur les bords, elles ne font plus
sur l'empreinte qu'une masse informe.
On trouve à Belath un autre lath du
même genre, qui ne porte pas d'inscription.

Les cours du collége sanskrit de Bénarès sont les mêmes qu'à celui de Calcutta. La grammaire seule est différente.

La langue vulgaire n'est ni celle de Calcutta ni celle de Mathura et de Bindraband. Les Brahmanes comprennent, mais
ne parlent pas le dialecte consacré par le
Prim-Sagar. Presque tous parlent hindoustani-ourdou.

Beaucoup de nobles Hindous et même
des Sykhs, viennent faire leurs dévotions à Bénarès ; quelques-uns y entretiennent un brahmane pour dire des
prières.

On y trouve beaucoup de manuscrits
sanskrits, et on pourrait en acquérir là
plus que dans tout le reste de l'Inde. Un
grand nombre de textes et de commen-
taires me furent offerts, mais quand je
demandai les Védas, on ne me répondit
seulement pas. Je ne pus obtenir que le

Prati-sakya (1). Les faibles ressources dont je disposais ne me permirent pas de faire de grandes acquisitions. J'ai rapporté le Prati-sakya, un magnifique manuscrit du Bhagavat-Purana, le Varahi-Sânhita, le Bhagavat–Gîtâ avec un commentaire, le Paribashendu-Cegara, et quelques traités de grammaire. Les copies nouvelles se vendent comme à Calcutta, à 500 slocas pour une roupie, non compris le papier, que l'on fait payer à part et d'avance. Malheureusement les scribes ne savent pas un mot de sanskrit, et leurs copies fourmillent de fautes. Le prix des vieux manuscrits corrigés par les pandits n'est pas fixé. Il est exorbi-

(1) Traité des accents dans le Véda.

tant. Il faut en outre s'attendre comme *Çaheb* et comme voyageur, à payer fort cher et à ne recevoir les objets achetés qu'après des délais interminables. Si on marchande, on n'obtient rien; il faut appeler un pandit et lui faire des cadeaux. Il faut s'adresser à une personne respectable, car on paye d'avance, et on risque beaucoup, après avoir payé, de ne rien recevoir. J'avais avec moi le professeur d'astronomie du collége, qu'un très-aimable officier m'avait procuré et qui m'accompagnait partout, parce qu'il me voyait bien accueilli des principales autorités de Bénarès.

La ville d'Allahabad est au confluent du Gange et de la Jumna, que commande un admirable fort. Les natifs

croient qu'il coule sous terre une troisième rivière, la Sarasvâti, et font de cet endroit le plus sacré des *Prayagas* (1). Là ils
viennent en foule se baigner et se faire
raser; chaque poil qui tombe dans l'eau
donne des milliers d'années dans le paradis. La compagnie percevait autrefois
un droit sur les pèlerins. Elle l'a aboli
comme immoral, en tant qu'il était un
impôt levé sur la superstition. Sous le
fort d'Allahabad, dans des caves étendues, sont des lingas, et des figures de
la déesse Parvati. Dans la cour gisait à
terre un *lath* couvert d'inscriptions. Il
était impossible d'en prendre des empreintes.

(1) Nom donné à des lieux saints situés au confluent
de deux rivières. Il y en a cinq principaux.

Allahabad et Bénarès sont deux lieux de pèlerinage pour les Hindous. Allahabad ne possède aucun monument curieux d'antiquité. Les fondations solides des maisons qui, sans doute, ont jadis supporté des édifices importants, ne sont plus couvertes que de mauvaises cabanes en terre. Il y a un grand tombeau entouré d'un jardin et d'un magnifique caravansérail. On est étonné en voyant le site si favorable de cette ville, au confluent de deux grands fleuves, qu'elle n'ait pas acquis plus d'importance.

A l'époque où j'étais à Allahabad eut lieu une crue extraordinaire du Gange. Le fleuve, rompant ses digues, déchargea ses eaux dans la Jumna, à travers les plaines qui séparent le fort de la ville.

Le fort devint une île, la grande muraille sur la Jumna s'écroula. Ce fut la dernière scène du spectacle de désolation auquel j'assistais depuis deux mois.

En me promenant aux environs d'Allahabad, je me perdis; je demandai à un natif quelle était la rivière qui coulait devant moi; il me répondit que c'était le Gange, et comme, pour être plus sûr de ma route, je lui demandai si ce n'était pas la Jumna, il me répondit : Ce sera la Jumna si le *çaheb* le veut. Je donne ce petit échantillon de la servilité des natifs et aussi un exemple de la difficulté qu'on éprouve souvent à obtenir des renseignements exacts. Ils attachent aux plus simples questions un sens caché, ne peuvent croire qu'on s'intéresse à des détails qui leur paraissent vulgaires, cherchent plutôt à répondre ce qu'ils croient vous être agréable que la vérité, et les renseignements qu'ils donnent directement sont peu dignes de confiance. Il faut avoir auprès de soi un natif respectable pour obtenir des informations exactes.

Après Allahabad, la ville la plus importante est Caunpour, où sont quelques ruines modernes sans intérêt. C'est un vaste cantonnement militaire et une des plus agréables stations de l'Inde pour les plaisirs et la société. Il y a un théâtre. Le site et les alentours sont fort laids, quoique le Gange les arrose. Le pays est très-plat, on y est sans cesse enveloppé dans des tourbillons de poussière.

A quelques lieues de Caunpour est

l'endroit que les Indiens croient être le centre de la terre. Il s'y fait en octobre de grandes fêtes, dont je ne pus être témoin. Je vis seulement pendant mon séjour à Caunpour la cérémonie où les frères Rama, assistés des singes, tuent le géant Ravana. Les deux jeunes gens de première caste qui représentaient les frères Rama étaient autrefois jetés dans le Gange après la cérémonie ; on les regardait comme si sacrés qu'il ne fallait pas les exposer de nouveau au péché. On doute que ce cruel acte de superstition ne se pratique plus. Pour moi je ne pense pas que les Anglais poussent si loin la tolérance. Le géant Ravana était représenté par une monstrueuse figure toute bourrée de feux d'artifice, au milieu desquels elle est brûlée. Les frères Rama s'avancent revêtus de magnifiques habits, dans un char traîné par deux taureaux. Ils ont un arc en main et un carquois sur l'épaule. Des hommes couverts de masques de singes entourent le char et font retentir l'air d'acclamations. On attaque l'idole, on se lance des fusées de part et d'autre ; c'est une bonne grosse fête populaire. Quoique exaltés par les chants et l'ivresse, les natifs conservent le plus grand respect pour les Européens qui se mêlent à la fête.

Je vis aussi des charmeurs de serpents. Ils en prirent trois devant nous en jouant d'un instrument dont le son ressemble à celui de la musette. Quand les serpents tardent à venir, ils font

des imprécations et prononcent des paroles magiques. Malgré toutes les précautions dont on s'entoure pour ne pas
être trompé, la manière dont ils prennent ces serpents est si extraordinaire
qu'on doute toujours de ne pas être leur
dupe. On les fait déshabiller, on choisit
la place où ils doivent opérer le charme ;
ils ne manquent jamais leur coup. Les
serpents habitent dans les cours et dans
l'intérieur même des maisons. Les femmes natives, dit-on, les apprivoisent et
s'en font des compagnons de captivité.
Le cobra surtout, le plus dangereux de
tous, est très-reconnaissant des soins
qu'on lui rend. Il aime beaucoup la musique, et au son de la musette il se met
à danser en suivant les modulations de

l'instrument. C'est principalement le long des murs que restent les serpents et les scorpions. Aussi remarque-t-on chez les personnes qui ont séjourné quelques années dans l'Inde, une répugnance instinctive à se promener le long des murs. Les serpents se sauvent des hommes, mais ils n'en sont pas moins dangereux. On les rencontre partout, dans les champs, sur les routes, dans les ruines et dans les décombres. Quand ils sont forcés dans leur retraite, ils se tapissent, et au moindre mouvement ils s'allongent pour mordre ; le cobra étend sa crête, s'élève en s'arrondissant en cercle et laisse tomber sa tête à terre. Il est très-lent dans ses mouvements et facile à éviter. Quand les serpents sont touchés par mégarde, ils se retournent. En me promenant dans un champ d'indigo coupé, je marchai sur un serpent qui se retourna pour me mordre. Son corps était embarrassé dans une touffe d'indigo et sa morsure n'atteignit que mon pantalon. Je coupai ce reptile avec un sabre. C'était une femelle pleine ; la morsure des femelles, même des espèces venimeuses, ne passe pas pour être dangereuse.

Le pays d'Allahabad forme une partie de l'Hindoustan propre. Il est très-fertile et bien cultivé autour des villages. Les vivres sont à bon marché et les marchés sont régulièrement approvisionnés. Loin des villages, il y a de vastes portions de terres incultes. Ce sont les *djangles* ou landes. Beaucoup de ces terres seraient très-fertiles, mais les agriculteurs n'osent pas s'aventurer loin des villages, dans la crainte des *Dacoits*, ou voleurs à main armée, et des bêtes féroces.

Les Européens n'ont pas la permission de devenir propriétaires de terres. La culture de l'indigo exige des terrains immenses. Les cultivateurs natifs louent leurs champs aux indigotiers pour une année ou deux. Quelquefois ils louent le même champ à deux indigotiers; au moment de la coupe de l'indigo, il s'élève des disputes qui se terminent quelquefois par des combats. Cela arrive surtout dans le Jeyssore.

On fabrique dans ces pays beaucoup de sucre, de salpêtre et d'opium. L'opium est monopolisé par la Compagnie, et c'est une des branches les plus considérables du revenu de l'Inde.

En place d'avoine, qui n'est pas culti-vée, on donne des pois aux chevaux. L'herbe est cueillie dans les djangles. Dans le bas Bengale on cultive beaucoup de riz ; dans la province d'Allahabad, qui est moins arrosée, on cultive principale-ment le blé, l'orge et le millet.

Aux environs de Patna, on cultive beaucoup la pomme de terre et les autres racines et légumes d'Europe. On les cul-tive partout dans les jardins.

Les chevaux sont une petite race très-robuste et qui ne demande aucun soin. La race bovine est aussi très-petite et de couleur grise. Il y a beaucoup de buffles qui sont sacrés pour les Indiens,

ainsi que les bœufs. Dans les villages isolés on ne peut manger de bœuf. Les
moutons sont généralement noirs et leur
laine est de mauvaise qualité. Les pourceaux noirs qui vont par bandes se vau-
trer dans les immondices des villages,
n'inspirent pas moins de répugnance aux
Européens qu'aux Musulmans. Les chiens
vivent comme abandonnés dans les villes
et dans les villages; ils vont souvent à la
rivière manger les cadavres qui se dépo-
sent sur les bords, ce qui les rend enra-
gés.

On ne voit presque pas de chameaux
dans cette partie de l'Inde, parce que tous
les transports se font par eau, mais on
voit des éléphants, qui sont dans l'Inde
l'apanage de la richesse et du pouvoir.

Les routes sont généralement fort belles et bien entretenues. L'entretien en
est très-difficile, à cause des ravages que
causent les grandes pluies qui succèdent
à la sécheresse. On emploie à les réparer
les galériens. On en rencontre de grandes bandes conduites et gardées par deux
ou trois hommes seulement; on ne comprend pas qu'ils ne cherchent pas à s'é-
chapper. Il faut que la terreur du magistrat anglais soit bien puissante sur eux.
Aussitôt qu'ils aperçoivent un Européen,
ils portent la main à leur front pour le
saluer.

Dans les villes de l'Inde, les officiers
et les employés civils habitent des maisons éloignées de la ville. Ces maisons
sont à rez-de-chaussée et couvertes en

chaume. Le plancher est simplement la terre battue comme une aire de grange ; le plafond, qui cache les combles, est une simple toile blanchie. Le toit est couvert en chaume. Elles sont construites très-légèrement. Les pluies et les fourmis blanches les détruisent promptement, et il faut continuellement les réparer. Dans la ville même, les maisons sont généralement bâties en briques et en pierres ; les plus importantes sont à plusieurs étages et enferment une cour avec de l'eau, pour répandre la fraîcheur dans l'intérieur. Autour des plus belles maisons et dans toute la ville, on rencontre des tas d'ordures et de grands trous remplis d'eau croupie.

Les villages ont un marché en perma-

nence et un caravansérail pour les voyageurs. Quelques-uns de ces caravansérails sont magnifiques. Les Anglais et
quelques riches natifs ont bâti de petits
hôtels pour les voyageurs. On peut y séjourner vingt-quatre heures ; mais, après
ce temps, s'il survient un autre voyageur,
il faut lui céder la place. Ces hôtels sont
très-rares, très-mesquins, et généralement mal placés, loin des villages et des
marchés. L'inconvénient n'est pas grand,
parce qu'on voyage généralement avec sa
tente et ses bagages. Ces hôtels servent
principalement aux personnes qui voya-
gent en dâk (la poste en palanquin porté
à dos d'hommes).

A chaque village est institué un *tha-
nadar*, chef de police, qui fournit une

garde de nuit aux voyageurs. Assez souvent les gardiens sont eux-mêmes des voleurs, et si on n'a pas recours à eux, ils viennent infailliblement vous voler. Les villages ont peu de rapports les uns avec les autres. La population est tantôt indienne et tantôt musulmane, le plus souvent elle est mélangée. Selon qu'un village est habité par des Hindous ou par des musulmans, la langue a plus d'analogie avec le sanskrit ou avec le persan. Les musulmans sont hospitaliers, les Hindous ne le sont pas autant ; si ce n'est pas par caractère, c'est par suite du préjugé qui les empêche de servir les étrangers et de prêter leurs ustensiles de ménage.

Il y a un pandit, au moins, dans chaque village. Ces pandits de village ne savent rien ; leur seul livre est l'almanach, qu'ils font semblant de lire pendant qu'ils récitent autre chose de mémoire. Je leur fis voir que je n'étais pas leur dupe. Ils se mettaient à rire. Ils n'ont ni prétention ni amour-propre. Hors des grandes villes, on ne rencontre plus de Brahmanes instruits, excepté dans les régiments hindous, où la Compagnie en entretient un pour dire les prières.

Un jour d'une éclipse de lune, j'entendis l'un d'eux murmurer une hymne. Toutes mes instances ne purent le décider à me la communiquer. Après avoir murmuré son hymne, il conta très-naïvement la légende connue de *Rahu*, qui poursuit la lune et cherche à la dévorer, pour se venger de l'avoir découvert au moment où il dérobait l'ambroisie à *Vichnu*. Ce bon pandit était assez instruit, et il savait d'avance que l'éclipse de lune aurait lieu. Les astronomes indiens les calculent très-exactement. Ils ne paraissent pas en avoir moins de foi dans leurs légendes, et ces phénomènes inquiètent leur imagination superstitieuse aussi bien que celle du vulgaire. Ils croient que la lune est en détresse. Hindous et musulmans se prosternent à genoux et font des prières, les uns pour hâter la délivrance de la lune, les autres pour éloigner de funestes présages.

D'après la légère esquisse que j'ai faite du pays, on peut juger combien il est facile de voyager dans l'Inde. Les moyens de transport sont variés. On a d'abord les bateaux à vapeur pour remonter le Gange, ou bien les bateaux ordinaires, qui sont bien préférables quand on veut s'arrêter dans les villes et visiter le pays. Seulement il ne faut pas choisir l'époque des débordements du Gange. On a ensuite le dâk, la poste en palanquin porté à dos d'hommes. On fait ainsi quinze à vingt lieues par jour, en voyageant jour et nuit; ce moyen n'est bon que pour se transporter rapidement d'un point à un autre. Il est très-fatigant, très-incommode, très-coûteux, et ne permet pas qu'on s'arrête pour visiter le pays. Enfin on a le voyage à petites journées, en palanquin ou à cheval, campant sous une tente ou logeant dans les caravansérails. Les Européens

n'ont pas l'habitude d'y loger; ils trans-
portent avec eux leur tente et leurs bagages. On a le choix entre ces divers
moyens. Dans le Bengale il est plus agréable de voyager par eau, et d'ailleurs les
villes et les contrées qui bordent le Gange
sont très-intéressantes à explorer. A partir d'Allahabad on voyage avec sa tente.
C'est à Fatahpour, ville située entre Allahabad et Caunpour, que se fabriquent
les meilleures tentes; il s'en fabrique
aussi beaucoup dans les autres villes.

Le train ordinaire de voyage est un
cheval et deux hommes pour en prendre
soin; l'un d'eux fournit l'herbe, qu'il va
couper dans les champs non cultivés. Il
faut un cuisinier et un aide, parce que
aussitôt que les apprêts du dîner se font,

il vient de tous côtés des milans, des corbeaux et des chiens, prêts à profiter de la
moindre négligence. Il faut un homme
pour prendre soin des bagages ; un *métor*
ou balayeur ; un *bisti*, porteur d'eau ;
un *dhobi*, blanchisseur ; un *farash* pour
dresser la tente. Chacun de ces hommes
ne fait que son service. Il faut un cha-
meau pour porter une petite tente, et des
chameaux ou une charrette pour porter
les bagages. Les chameaux vont plus vite
et les bagages ne risquent pas d'être
mouillés au passage des petites rivières.
Si on dessine et si on lève des plans, il
faut avoir un homme pour vous assister
dans ce travail. Il est très-utile d'avoir
auprès de soi un *mounshi*, secrétaire persan, et un pandit, pour apprendre les

langues du pays ; le pandit est surtout utile à une personne qui voyage dans l'intérêt de l'archéologie et de la littérature hindoue, parce qu'il lui indique les lieux et les monuments intéressants, et qu'il lui sert d'intermédiaire auprès de ses confrères ; le mounshi est indispensable dans les pays indépendants où l'on a occasion de correspondre avec les chefs natifs. Il faut aussi une garde pendant la nuit, sinon on est infailliblement volé.

Je donne ici le taux moyen de ces dépenses.

	Roupies.
Un chameau coûte par mois,	10
Un conducteur de chameaux,	4
Une charrette à trois bœufs,	30
A reporter.	44

Report.	44
Un cuisinier et aide,	15
Un homme pour prendre soin des habillements et des bagages,	8
Un métor,	5
Un bisti,	4
Un farash,	6
Un couli,	6
La garde de nuit,	8
Un saïs, palefrenier,	5
Un gascut,	4
Un dhobi, blanchisseur,	9
Un mounshi,	30
Un pandit,	50
	——
	194

On n'a pas toujours besoin d'avoir le pandit et le mounshi ensemble, mais en ajoutant les frais de guide et d'autres menus frais, on peut calculer sur une dépense de serviteurs d'environ 200 roupies ou 500 francs par mois. Si au lieu de voyager à cheval, on voyage en palanquin, les porteurs seuls coûtent 80 roupies ou 200 francs par mois. C'est un luxe fort agréable, mais un peu cher.

La nourriture est à très-bon marché; on trouve partout des volailles, du riz, du lait, des œufs et de la farine. Il faut mettre à son service de table un peu de luxe, parce qu'il est d'usage de porter avec soi son couvert, ses assiettes, sa poivrière et sa salière, chez les personnes qui vous invitent à dîner. La nécessité des déplacements et des voyages fréquents a fait adopter aux Anglais cette excellente cou-

tume qui leur épargne beaucoup d'embarras et de dépenses.

Quant aux économies qu'un voyageur
voudrait faire sur le mounshi, sur le pandit et sur les hommes pour l'assister dans
ses explorations, elles ne peuvent se faire
qu'aux dépens de l'exactitude des connaissances qu'il peut recueillir sur le
pays. Toutes les autres dépenses sont
d'usage, et il vaut bien mieux se conformer à l'usage général que de chercher à
introduire une manière particulière de
vivre, source d'embarras continuels et de
perte de temps; d'ailleurs si on ne le faisait pas on ne serait pas considéré comme
çaheb ou *gentleman*, et il est probable
qu'on ne serait pas admis à voyager dans
les pays indépendants. Il faut pour y pé-

nétrer l'autorisation du gouvernement anglais et celle du gouvernement natif, et il est nécessaire pour obtenir cette autorisation d'avoir un caractère honorable et de le soutenir.

Au sujet des dépenses du voyage, j'engage un voyageur à bien réfléchir avant de se laisser entraîner à des illusions que ne manquent pas d'entretenir des personnes fort recommandables sans doute, mais qui n'ont jamais voyagé qu'en imagination.

CHAPITRE III.

Agra. — Tadjmahal. — Fort d'Agra. — Collége d'A-
gra. — Mathura et Bindraband. — Krichna et les
laitières. — Singes. — Ghats et temples de Bindraband. — Morts dans les rues. — Lecture du sanscrit. — Difficulté de se procurer des médailles et
des inscriptions sur plaques de cuivre. — Dig. —
Bhurtpour. — Godawand. — Fatahpour Sikri. —
Aspect général du pays aux environs d'Agra. —
Architecture, peinture et sculpture indienne. — Canoge. — Brahmanes de Canoge, marchands de confitures et de fausses médailles.

Quand la saison des pluies et des inon-
dations fut passée, je me remis en route.
Je partis de Caunpour à la fin d'octobre,
après avoir profité pendant plusieurs semaines de l'hospitalité d'un ancien com-
pagnon de bord. Le pays entre Caunpour
et Agra change tout à fait d'aspect; ce

ne sont plus les riantes plaines du Bengale, les montagnes boisées de Radjmahal,
de Monghyr et de Mirzapour, les villes et
les villages entourés de bois de palmiers
et de bananiers, les petites chaumières
indiennes construites avec des tresses de
joncs, que recouvrent des plantes et des
fleurs grimpantes. Les villages sont rares,
les maisons sont construites en terre. On
rencontre à chaque instant des sables et
de vastes landes. J'arrivai à Agra le soir,
par un beau soleil couchant; le premier
objet qui frappa ma vue fut le Tadjmahal, que j'aperçus de loin, à moitié perdu
dans les vapeurs de l'atmosphère. Le
Tadjmahal est le tombeau élevé par Shah
Jehan à la mémoire d'une de ses femmes. Il est situé sur les bords de la

Jumna, d'où ses hauts minarets dominent le pays d'alentour, pays de ruines et
de tombeaux, dont la terre elle-même est
comme bouleversée et en ruine. Il paraît
entouré d'une mosquée, d'un jardin dé-
licieusement planté et d'un caravanserail
pour loger gratis les voyageurs. C'est ainsi
que sont toutes les tombes des grands
personnages dans l'Inde, à la fois monuments d'art, de religion, d'agrément et
d'utilité publique, et non pas, comme on
le répète toujours, d'inutiles monuments
d'orgueil. Les allées du jardin sont dal-
lées ; au milieu est un bassin avec des jets
d'eau qui jouent le dimanche. Le monument est en marbre blanc ; les tombes et
une partie des murs sont incrustées de mosaïques représentant des fleurs de fantai-

sie. Les détails comme l'ensemble en sont admirables.

Le tombeau de l'empereur Akber à Secundra, à deux lieues d'Agra, est moins beau. Il comprend aussi un jardin et un caravanserail. Du haut de cet édifice on plane sur un vaste horizon de ruines.

C'est à ces deux tombes que les Anglais donnent leurs grandes fêtes et réunissent la population européenne d'Agra. Dans ces fêtes données auprès d'un tombeau, il y a un retour au caractère oriental qui aime à mêler à ses plaisirs les graves et tristes pensées du néant des choses humaines ; mais il est douteux que les joyeux hôtes de ces fêtes songent à autre chose qu'à se divertir.

Les autres édifices marquants à Agra

sont Moti-Modjdid, la tombe d'Eti-
mad ed Daulch, décorée fantastiquement
de mosaïques, et le fort, qui, selon la
coutume du pays, servait de résidence
royale.

Les appartements du fort sont bien
conservés. Il y a dans l'intérieur une cour
carrée avec une mosquée toute en marbre blanc. La salle de bain des femmes
est encore un lieu secret où l'on entre
difficilement. Elle est toute lambrissée
de petites glaces à facettes destinées à réfléchir les gracieuses houris qui s'y bai-
gnaient. On ne sait si l'empereur assis-
tait à leurs récréations. Le gardien est
complétement muet. Peu d'édifices sont
aussi imposants que ce fort, tant à l'intérieur qu'à l'extérieur. Il paraît formida-

ble, mais il ne serait probablement d'aucune défense contre une armée européenne. Lord Lake s'en rendit maître, en 1803, sans éprouver de résistance. Il eût été malheureux que le canon endommageât ses belles murailles et ses coupoles dorées.

Il y a un collége à Agra où l'on enseigne à la fois le sanskrit, l'arabe, le persan et l'anglais. Le directeur me dit que cette école sanskrite était une mauvaise institution, parce que ceux qui en sortaient se servaient de leur science pour abuser les pauvres gens. Peut-être interprétait-il ainsi les cérémonies magiques que les Brahmanes sont autorisés à pratiquer pour se défaire de leurs ennemis. Or les ennemis du Brahmane sont ceux qui ne lui donnent plus les secours que les lois prescrivent de lui donner. C'est la faute des institutions et non celle des hommes. On pousse les élèves à l'étude de l'anglais et du persan. La connaissance de ces langues leur assure une place dans les offices anglais.

Agra est une ville toute musulmane qui ne présente aucun monument indien; mais un voyage d'un jour mène à Mathura et à Bindraband, deux villes choisies pour l'étude de la littérature et des mœurs anciennes. Tout y est encore plus naïf qu'à Bénarès. Mathura et Bindraband furent le théâtre des aventures de la jeunesse de Krichna, une des incarnations de Vichnu. C'est là qu'on lui rend un culte spécial, qu'on célèbre par

des chants et par des fêtes ses exploits
amoureux et guerriers. On montre le
ghat où il tua un serpent, l'arbre où il
jouait de la flûte, l'arbre où il cacha
les habits des laitières. Quelque bon
Brahmane vous raconte l'histoire : Ayant
surpris des laitières à se baigner, il
prit leurs vêtements, et monta les ca-
cher dans un arbre. Quand les pauvres
laitières vinrent lui redemander leurs
vêtements, il exigea qu'elles sortissent
de l'eau, et puis comme elles cherchaient
à se faire un voile de leurs mains, il exigea qu'elles les tinssent croisées. L'arbre
qui consacre le souvenir de cette aven-
ture est mort. A ses rameaux séchés pen-
dent des rubans de diverses couleurs qui
figurent les habits des laitières.

Les ghats de Bindraband sont fort jolis. Ils sont presque tous couverts. Les
ouvertures qui donnent sur la rivière
sont taillées en arcades soutenues par des
colonnes. Ils sont flanqués de kiosques ;
de larges banians les ombragent. La promenade en est charmante. Sur les bords
de la rivière est un établissement où des
singes étaient nourris d'une pension faite
par un dévot. A mon retour, je trouvai
l'établissement fermé. La tiédeur religieuse gagne partout. Les singes couvrent les arbres et les toits des maisons.
Dans la saison des dattes on est obligé
d'entretenir un homme au pied des arbres pour garder la récolte. Ils sont voleurs, et il est très-difficile de préserver
son dîner de leurs attaques. Il faut bien

se garder de leur faire aucun mal. Un jour des officiers qui en avaient tué un, furent assaillis par la population en fureur. En cherchant à repasser la Jumna sur un éléphant, ils se noyèrent. Les habitants, faisant le conte plus merveilleux, disent que les singes eux-mêmes attaquèrent l'éléphant et le firent périr avec les deux officiers. Les bœufs sacrés encombrent les rues, vivant aux dépens des marchands de grain, dans les paniers desquels ils plongent la tête, sans s'inquiéter des coups qu'on leur donne. Quelques marchands les laissent paisiblement faire; c'est une œuvre méritoire de ne pas les déranger. La rivière abonde en tortues. Les habitants leur jettent de la nourriture. Les bœufs, les singes, les paons, les

pigeons, les coqs, sont sacrés. On ne tue
aucun animal.

En me promenant dans les rues, j'eus
la vue d'un spectacle affreux. C'était en
automne, à l'époque où l'on récolte le
millet. Il y avait eu récemment une disette, et les malheureux mangeaient avi-
dement de ce grain, dont l'excès occa-
sionne des fièvres mortelles. J'en vis qui
se mouraient, d'autres qui étaient morts.
On passait indifféremment à côté d'eux.
Les chiens commençaient à en manger
un. Excepté les proches parents et une
caste fort vile chargée de les enlever,
personne ne toucherait un mort.

Outre ses ghats, Bindraband possède
deux fort beaux temples en pierre rose.
L'un d'eux, en forme de croix grecque,

est un des plus curieux monuments d'architecture indienne. Aux abords des temples se tiennent les faquirs indiens, qu'on entend faire à haute voix leur lecture. Ils chantent un peu en lisant. A part cela, et leur long temps d'arrêt sur les nasales, leur prononciation ne paraît pas différer de celle qui est en usage au collége de France ; le rhythme se fait bien sentir. Il n'en est pas de même à Calcutta et à Bénarès. Comme les faquirs parlent peu, qu'ils comprennent à peine ce qu'ils lisent, et qu'ils récitent plutôt de mémoire et de tradition, il est probable que leur prononciation est la véritable. Je parvins à obtenir un des petits livres qu'ils lisaient ; il est tout à fait insignifiant.

La prononciation du sanskrit varie se-

lon les différents pays, mais elle est uni-
forme quant aux temps d'arrêt sur les
nasales. La raison de ce temps d'arrêt sur
un son si peu harmonieux s'explique
très-bien pour ceux qui connaissent la
difficulté de retrouver les mots altérés
par les lois du *sandhi*. Le professeur ne
voulant pas paraître embarrassé, se donne
le temps de lire et de recomposer les
mots ; puis quand il les a retrouvés, il lit
précipitamment jusqu'à ce qu'il rencontre une autre nasale sur laquelle il s'arrête de nouveau. Cette manière étrange
de lire nuit singulièrement au charme
des beaux vers sanskrits ; aussi quand les
pandits connaissent bien le morceau d'a-
vance, ils la modifient beaucoup et elle
n'est plus ridicule.

J'avais des instructions spéciales pour Mathura. J'en ai soigneusement étudié le site et les environs. Le pays de Mathura est très-sablonneux ; dans la saison des pluies, il est presque entièrement inondé. Il y a autour de la ville des monceaux de briques. On ne voit aucune ruine importante : j'y cherchai vainement des médailles. Beaucoup d'Anglais font des collections, et un voyageur, simple passager dans le pays, ne peut espérer lutter contre les moyens d'influence qu'ils possèdent. Outre l'argent qu'ils y consacrent, ils emploient à cette recherche des serviteurs exercés qui ne font pas connaître pour qui ils les demandent. Longtemps oppressés par leurs gouvernements, les natifs ne sont pas encore familiarisés avec l'idée d'un pouvoir à la fois fort et équitable, et en supposant qu'ils possédassent des richesses de ce genre, ils les cacheraient aux autorités anglaises et aux personnes qu'ils verraient être en rapport avec ces autorités. Je ne pus pas non plus obtenir d'inscriptions sur planches de cuivre. On sait que les seules connues jusqu'à présent ont été trouvées par hasard en creusant des puits, des étangs ou des fondations d'édifices (1).

(1) Les donations de terre des rois de l'Inde étaient rendues authentiques par une inscription sur une plaque de cuivre. Cette inscription énonçait le nom du donataire, celui du souverain donateur, quelquefois aussi celui de ses ancêtres et de son ministre, et les principaux événements de son règne. Ce sont à peu près les seuls monuments historiques de l'Inde. On conçoit de quelle importance ils sont pour les savants.

Tous les environs d'Agra sont curieux.
On trouve Dig, où est le plus beau palais
natif de l'Inde; Bhurtpour, célèbre par la
résistance que son fort opposa aux Anglais; Godawand, où est un tirtha fort
beau. Tout y est indien. On y retrouve
la vie brahmanique telle qu'elle est dé-
crite dans Manou et les livres de poésie
ancienne; mais en vain cherche-t-on la
science. Les Brahmanes ne comprennent
pas un mot des livres qu'ils offrent de
faire copier. A peine s'ils savent les lire.
J'en rencontrai un entre Mathura et Bindraband qui gardait une petite pagode.
Je lui demandai s'il savait le sanskrit.
Moi! répondit-il fort naïvement : qu'est-
ce que je sais? Je sais manger.

Une ville musulmane fort curieuse est

Fatahpour Sikri, à six lieues d'Agra. Le monument le plus intéressant est une grande cour carrée, avec une mosquée qui renferme deux jolis mausolées. L'un de ces mausolées fut élevé à la mémoire d'un grand saint, par les prières duquel une des femmes de l'empereur Abker devint enceinte. Les portes d'entrée de la cour sont du style le plus grandiose. Il y a d'autres petits édifices dont les détails d'architecture sont pleins de coquetterie et de bon goût. Ils sont tous construits en pierre rose. Quelques maisons se sont élevées à côté, et forment la ville actuelle qui est entourée d'un mur. Il ne paraît pas qu'anciennement cette enceinte ait compris autre chose que les palais de l'empereur. C'est une espèce de charmant boudoir où Akber laissait ses femmes quand il partait pour ses expéditions. C'est à la mémoire d'une femme que le Tadjmahal a été élevé. Que penser après cela de toutes les déclamations sur la brutalité des Orientaux qui enferment leurs femmes?

Une insurrection qui éclata à Jeypour m'empêcha de visiter cette ville, qu'on dit fort curieuse. Je restai tout l'hiver à Agra.

Il y a souvent de ces insurrections partielles, que les Anglais apaisent promptement. Ces insurrections témoignent de l'impatience des chefs natifs à supporter le joug et de leur manque de politique. Un ou deux régiments anglais suffisent pour les mettre à la raison. Les Anglais ont pour eux une très-belle armée à la

quelle les soldats natifs sont fiers d'appar-
tenir. On respecte leurs préjugés religieux, et on les paye régulièrement. Les
Anglais ont encore pour eux la finance
et le commerce, qui trouvent leur sécurité dans une administration régulière. Il
n'y a que les agriculteurs qui soient mé-
contents, mais ils sont peu dangereux.
Au reste les plaintes de ces derniers devraient plutôt s'adresser à leurs supérieurs natifs, contre l'oppression desquels
ils ne veulent ou n'osent pas réclamer
auprès des autorités anglaises, toujours
disposées à les protéger.

On parle à Agra l'hindoustani ourdou,
dont presque tous les mots sont persans.
On parle dans les environs l'hindoustani
bakha, qui est composé d'un grand nom-

bre de mots sanskrits. La langue n'est pas fixée, et on éprouve beaucoup de difficultés à se débrouiller au milieu de ces patois. Les natifs eux-mêmes qui me suivaient d'un pays dans un autre avaient de la peine à se faire entendre.

Dans le district d'Agra la récolte dépend des pluies périodiques de l'été. Si elles manquent, il y a disette. Il y avait eu l'année d'avant mon arrivée une famine épouvantable dont les soins du gouvernement n'avaient pu arrêter les ravages. Les campagnes étaient jonchées de crânes et d'ossements humains. Il y a pour chaque champ un puits sans lequel il serait impossible de rien récolter. On les construit en empilant à la surface de la terre une masse de briques qui s'en-

fonce d'elle-même dans le sable, jusqu'à
ce qu'elle trouve une base solide. L'eau
en est généralement mauvaise. Le pays
à partir de Caunpour est moins cultivé
que dans le bas Bengale; il a un aspect triste. Les eaux de la Jumna laissent arides les vastes plages qu'elles recouvrent à l'époque des débordements.
Il y a beaucoup de djangles. On ne voit
que des ruines de villes entières, de villages, de maisons, de tombeaux musulmans, d'étangs et de puits abandonnés.
Les natifs ne réparent rien, n'achèvent
jamais un ouvrage commencé par un autre, soit par superstition, soit par vanité.
Dans le bas Bengale, une forte végétation recouvre ces débris; souvent même
les beaux arbres qui les entourent leur

donnent du pittoresque et de la poésie ; mais dans les hauts pays ils restent à découvert et ajoutent encore à l'aspect de tristesse. A partir d'Agra et de Delhi, c'est un spectacle continuel de désolation.

Les hommes sont grands, robustes et admirablement faits. Ils sont moins noirs que dans le bas Bengale. Je voyageai beaucoup en palanquin entre Caunpour et Delhi. Les porteurs de palanquin faisaient quatre à cinq lieues en courant, pendant la plus forte chaleur du jour, buvant continuellement de l'eau, et ne mangeant pendant toute la journée qu'une poignée de pois secs non cuits. C'est dans les hauts pays que la Compagnie recrute ses soldats. Il se présente tant de sujets qu'on ne prend que les beaux hommes. Ils ont la démarche fière et aisée, qui contraste avec l'air roide des troupiers anglais. Rien n'est à la fois plus gracieux et plus majestueux que les beaux faquirs qui vont nus. Rien n'égale la distinction de leur figure et de leur taille. On ne comprend pas qu'une si belle nature ait si mal inspiré les artistes. L'architecture native est non-seulement originale, elle est très-belle. Mais les sculptures et les peintures sont de l'enfance de l'art. Les natifs les recherchent pourtant beaucoup; les simples maisons des particuliers en sont couvertes, et les artistes n'ont pas manqué d'encouragement. Il faut dire aussi que les divinités indiennes ont des types bien arrêtés dont on ne peut s'écarter, des types difformes, avec plusieurs têtes et plusieurs bras, des têtes d'éléphants et des corps d'oiseaux. Ce sont les premiers et les continuels sujets que les artistes ont eus à représenter, et cette horrible nature sans justesse, sans proportion et sans grâce, a pu dénaturer à jamais leur goût.

Sur la route de Caunpour à Agra, en se détournant un peu, on trouve Canoge, l'ancienne capitale d'un puissant royaume indien. L'emplacement de la ville moderne présente de tous côtés de vastes monticules qui recouvrent des briques, débris de l'ancienne ville. Il y a sur une éminence une cour carrée avec des colonnes à l'entour. Les colonnes ne portent aucune trace de figures. Un débris très-curieux est un bas-relief représentant le panthéon indien. La ville est sale, et ses ruines n'ont rien du pittoresque qu'on leur a donné dans quelques dessins. Elle est située sur une petite éminence baignée au pied par un bras du Gange, dont l'eau est limpide et délicieuse. Tout autour sont des bosquets d'arbres et des ravins profonds, anciennement le repaire de voleurs qui trouvaient un refuge assuré sur le territoire du roi d'Oude. La place est encore mal famée.

On y trouve quelquefois des médailles anciennes. Les Brahmanes voyant qu'on les recherchait se sont mis à en fabriquer, et ils viennent les offrir aux voyageurs, avec de l'eau de rose et des confitures. Ils ont tant de bonhomie, qu'ils en offrent de nouvellement fabriquées et encore toutes luisantes comme étant de la plus haute antiquité et trouvées au fond des ruines. Ils sont obligeants, prêts à accompagner les voyageurs par toute la ville, et surtout reconnaissants des roupies qu'on leur donne.

Dans toutes mes excursions, j'ai continuellement reçu des Anglais la plus bienveillante hospitalité. Rien ne peut exprimer la franchise de leur accueil, leur obligeance et leur affabilité, dont je conserverai toujours un souvenir reconnaissant.

CHAPITRE IV.

Visite au lord gouverneur, à Delhi. — M. le général Ventura. — Départ précipité pour Lahore. — Passage du Sutlège. — Kapourtella. — Voleurs de nuit. — Visite au sirdar de Kapourtella. — Arrivée à Lahore. — Audience de S. M. Randjit-Singh. — Régiments commandés à la française. — Organisation administrative du Pendjab. — Collection de médailles de MM. les généraux Court et Ventura. — Grand Pandit de Randjit-Singh.

Dans les pays complétement soumis à la Compagnie, si faciles à exploiter par les Anglais, un voyageur a bien peu de chances de faire de nouvelles découvertes. Toute l'Inde est occupée pendant huit mois par les ingénieurs du cadastre, qui ont la facilité d'étudier le pays, de relever les moindres monuments, et de donner les détails les plus complets sur la géographie et l'archéologie. Il ne reste à un voyageur qu'à voir ce qui est déjà connu. Cette étude, très-intéressante sans doute, ne l'est pas autant que celle de pays nouveaux ; aussi toutes mes espérances, comme le but principal de mon voyage, étaient pour Lahore et Kachmir. Le lord gouverneur était à Delhi. Je partis dans les premiers jours de mars pour lui aller rendre ma visite et lui demander la permission d'aller à Lahore. Je fus très-bien accueilli, et je reçus l'assurance d'aller à Kachmir, malgré Randjit-Singh lui-même. Ces paroles m'étaient fort agréables à entendre, parce que j'y voyais un gage assuré de protection. Justement, à cette époque, M. le général

Ventura arriva à Delhi. Il me fit les offres de service les plus amicales. Il me dit que pourvu que je me trouvasse avec lui à Lahore, je ne manquerais de rien. Je ne pus douter d'un bon accueil à Lahore. Je comptais sur la protection toute-puissante du gouvernement anglais et sur les conseils et cette assistance de détails dont Jacquemont eut tant à se louer de la part du général Allard. A mon audience de congé, le lord me dit d'aller trouver son secrétaire, M. Torrens. Il était avec le résident de Delhi à régler les pensions des princes dépossédés, et je m'amusai beaucoup d'entendre le bon secrétaire dire d'un air piteux : « Les pauvres gens! »

Dans ma précipitation à quitter Delhi,

je laissai là tentes et bagages pour prendre le Dâk, la poste en palanquin, porté par des hommes. Je trouvai à Loudiana M. Vigne, de retour de son second voyage à Kachmir. Il me fit les récits les plus pompeux de la libéralité du gouvernement de Lahore, m'assurant que je n'avais besoin de rien pour voyager. M. le général Ventura me renouvela ses offres d'amitié et de service. Je ne songeai donc plus à me précautionner contre les accidents du voyage, et, plein de confiance, je passai le Sutlège le 15 mars 1839. Je ne trouvai rien de ce qui m'avait été positivement promis, et ce fut dans le plus misérable équipage que je traversai tout le pays. La pluie tombait par torrents. Je fus souvent obligé de me

réfugier dans de misérables réduits remplis de vermine. En outre de ses cinq
grandes rivières, le Pendjab est arrosé
par plusieurs petits ruisseaux qui, à l'é-
poque de la fonte des neiges, ne sont pas
guéables. Autour des villages le pays est
bien cultivé. Le blé était en épi et les
pavots en fleurs. Aux environs d'Agra
on fait la récolte à la fin de mars, ce qui
fait une avance de plus d'un mois sur le
Pendjab. Cette différence de température
est causée non-seulement par la différence de latitude, mais encore par l'a-
bondance des eaux qui arrosent le
Pendjab.

Je m'arrêtai à Kapourtella, où je logeai dans un grand palais, avec des colonnes, des terrasses, des galeries, et de

vastes appartements à jour. Il n'est point habité, et je ne crois pas qu'il puisse l'être. C'est certainement un des plus bizarres édifices de l'Inde. Le temps s'était éclairci, et un superbe clair de lune se jouait à travers les colonnes, d'où il semblait à chaque instant voir sortir des apparitions. Il y avait plus que des fantômes à craindre. Dans mon sommeil je sentis quelque chose se retirer de dessous ma tête. C'était mon petit secrétaire de voyage qu'on cherchait à m'enlever. Je crus avoir rêvé, mais le lendemain je trouvai le secrétaire dérangé, et quelques effets des hommes qui m'accompagnaient avaient disparu. Le sirdar, chef du pays, offrit de rembourser le prix des objets volés. Quand on est accueilli par le chef d'un pays, il est très-avantageux d'être volé; on vous rembourse bien au delà de la valeur des objets. J'allai au *derbar* (à la réception) de ce sirdar. Il est monstrueux de grosseur, genre de beauté très-admiré des natifs ou plutôt très-considéré par eux, parce que c'est un signe de richesse et de puissance. Ceux qui ont la taille fine sont ordinairement de pauvres diables qui ne peuvent pas faire bonne chère. Les malheureux se serrent la taille pour ne pas sentir la faim. J'eus pour la première fois le spectacle d'une cour native. Je fus étonné de la familiarité qui existait entre le maître et les serviteurs, et entre les hommes de toutes les conditions Le chef, son ministre, les moindres serviteurs, étaient tous assis par terre dans la même chambre. Le ministre s'intéressait beaucoup à des dessins du voyage de Burnes, que j'avais apporté avec moi. Il ne faisait aucune attention aux lettres d'affaires qui arrivaient, ni aux ordres de son maître. On m'avait demandé d'apporter divers objets pour les voir. On garda une de mes lorgnettes ; s'il leur avait plu de garder davantage, il m'eût été bien difficile de ne pas le leur laisser. Heureusement la leçon ne me coûta pas cher. Il ne faut jamais qu'un voyageur montre ce qu'il ne veut pas donner. Ils ne se font aucun scrupule de le demander et de le prendre. Ce sirdar a une partie de son territoire de l'autre côté du Sutlège. C'est à la protection des Anglais qu'il est redevable d'avoir conservé son pays contre les envahissements de Randjit-Singh ; aussi paraît-il très-bien disposé pour eux.

J'arrivai à Lahore le 24 mars. Le roi fut longtemps sans me recevoir. Un jour, je fus prévenu inopinément, et je reçus mon audience à deux lieues de la ville. C'était une petite réception, qui ne me donna aucune idée de la splendeur orientale. J'offris une boussole en argent, et onze pièces d'or. Il faut présenter son offrande avec la main couverte. Les natifs, qui ne portent pas de gants, la mettent sur un pan de leurs vêtements. Le roi était assis sur un fauteuil, entre un pandit et le fils du ministre, tandis que ce dernier était lui-même assis à terre. Les Européens ont introduit l'usage des fauteuils dans les cours des natifs, et les ont accoutumés à voir fouler leurs beaux tapis avec des chaussures crottées. Le roi était muet; il paraissait triste, mais rien n'annonçait sa fin prochaine. Il regarda la boussole, l'agita violemment, et ne parut y rien comprendre. On me demanda ce que je faisais en France. Comme on avait traduit vaguement mon titre d'avocat par membre de cour de justice, on me demanda quel pays j'administrais en France, et si je serais capable de gouverner une province. Il fallait toute la gravité de la circonstance pour garder mon sérieux. Les natifs ne comprennent rien aux missions scientifiques. Tout est politique pour eux, et mes projets de voyage parurent inspirer peu de confiance. Pendant l'audience, le roi fut pris d'un léger besoin. On lui apporta un vase de métal dans la salle de réception ; il se contenta de nous tourner le dos. Tout le monde se leva respectueusement pendant la cérémonie.

J'eus mon congé, avec le présent d'usage, un kélat ou habit d'honneur, qui consistait en deux vieux châles troués, dont on me donnait 7 roupies (17 fr.) au bazar, de plus 80 roupies, et onze plats de sucreries, à mon arrivée à Kachmir. J'avais le plus important, qui était mon *perwanah* ou passe-port pour Kachmir. Je saluai le vieux roi, que je ne revis plus.

La ville de Lahore fait, de loin, un effet magnifique, à cause de ses innombrables coupoles dorées. Mais elle ne présente à l'intérieur que des maisons sales et des rues étroites au milieu desquelles coule un ruisseau d'eau croupie. Elle est entourée d'un fossé et de remparts. Tout autour sont des immondices au milieu desquels se vautrent de noirs pourceaux aussi abominables pour les Européens que pour les musulmans. Non loin est Anarcali, la demeure des généraux Ventura et Allard, une grande plaine pour faire l'exercice, des cantonnements, et la maison de plaisance du général Allard, qui lui sert à présent de tombeau. Les ruines de l'ancienne ville n'ont rien de majestueux; elles sont seulement hideuses de saleté. Le pays aux environs est triste comme les hauts pays de l'Inde.

Lahore est la capitale du Pendjab,

quoiqu'elle ne la soit ni pour la religion
ni pour le commerce. La ville la plus
importante est Amritsir. C'est un vaste
entrepôt pour le commerce des châles de
Kachmir. On en trouve là en plus grand
nombre et à meilleur marché qu'à Kachmir même. Rien n'y est curieux comme
monument que l'étang sacré où se
garde le Granth, le livre religieux des
Sikhs; il est gardé dans un petit pavillon
surmonté d'une coupole dorée. On y arrive par un pont éclairé de candélabres.
Tout autour sont des galeries où se tiennent les akalis ou prêtres sikhs, en appa-
rence les plus grands coquins du monde.
Ils sont vêtus de noir, et vont le sabre
nu. J'en ai rencontré plusieurs auxquels
j'ai parlé; je les ai toujours trouvés

d'excellentes gens. On est très-bien reçu à voir le Granth et l'étang, quand on apporte ses roupies, et pourvu qu'on ôte ses souliers.

Le Pendjab est très-plat. Pendant la saison des pluies les rivières débordent, et le pays est inondé. De tous côtés s'étendent de vastes plaines non cultivées qui servent de pâturages aux bœufs et aux buffles. Ces animaux sont sacrés, et pour sa sûreté personnelle, il vaudrait mieux commettre les crimes les plus affreux que d'en tuer un par mégarde.

Il y a beaucoup de djangles ou landes couvertes d'arbrisseaux et de hautes herbes, qui atteignent jusqu'à vingt pieds de hauteur. Elles fourmillent de gibier de toute espèce.

Les troupes des sirdars sont la plupart irrégulières. Quelques régiments sont exercés à la française, commandés en français, et déploient le drapeau tricolore. C'est à ses troupes régulières, et surtout à l'infanterie si méprisée en Orient, que Randjit-Singh devait une partie de sa puissance. Il avait une artillerie formidable; mais il n'avait pu s'accoutumer au système des forts ras. Le fort nouvellement construit à Amritsir est à l'ancien système, avec des murailles élevées au-dessus de terre. Les chefs sikhs sont très-braves. Dans leurs chasses, ils attaquent corps à corps les sangliers et les tigres; ils ne manquent pas un lièvre ou un oiseau à la balle; leur artillerie est admirablement servie, et pourtant toutes

les forces du Pendjab ne tiendraient
pas contre quelques régiments anglais.
Randjit-Singh le savait bien, et il se mo-
quait, dit-on, fort souvent des fanfaron-
nades de ses sirdars.

Les chefs natifs et les officiers européens sont payés partie en argent, partie
en villages. Ils sont souvent obligés de for-
cer le payement de l'impôt avec des troupes qui commettent toutes sortes d'excès.
Les chefs de village perçoivent les reve-
nus pour leur propre compte, à la charge
de verser une somme déterminée au
trésor. Quelquefois ils dépendent ou d'un
chef de district ou d'un gouverneur
de province, qui lui-même paye un
tribut fixe au trésor royal. Pourvu que
le tribut soit payé, on ne s'occupe pas

beaucoup de la conduite des gouverneurs. Ce sont de simples bénéfices. Quelques grands ont des terres à eux, pour lesquelles ils instituent des administrateurs et des gouverneurs; ils ont des vassaux inférieurs qui leur doivent l'hommage. Quelques-uns sont plus riches que le roi. Ils sont seulement obligés de le suivre à la guerre, et de fournir un contingent. C'est, comme on voit, le système féodal complet.

Pour arrêter les vols et les brigandages qui désolaient le pays, on a rendu chaque chef de village responsable. Randjit-Singh faisait couper le nez aux Dacoits, voleurs à main armée. C'est une punition infligée très-fréquemment dans le Pendjab. Les personnes ainsi mutilées se remettent de faux nez, et de loin il est impossible de s'en apercevoir. Les crimes des grands personnages se rachètent par des amendes. Rarement Randjit-Singh punissait de mort ; mais les gouverneurs et les autres sirdars faisaient ce qu'ils voulaient dans leur pays, et la justice civile et criminelle était fort arbitraire. M. le général Court fut un jour obligé de laisser brûler par ses soldats une famille musulmane dont le chef avait tué un bœuf. Tout cela ne fait pas un admirable système de gouvernement ; mais quand on songe à l'état où était auparavant ce pays, on ne peut s'empêcher d'admirer le grand homme qui lui a rendu la paix et la prospérité. Quand je vis le vieux roi, il était à sa fin, dominé par les prêtres et par les Anglais, auxquels il abandonnait ses trésors et son royaume. Obscur *Zémindar* (petit seigneur), sans éducation, ne sachant pas même écrire, ne connaissant pas le persan, qui est la langue des cours et de la diplomatie, petit et disgracié de la nature dans un pays où les avantages physiques ont tant d'importance, il parvint par son seul génie à se faire souverain d'un royaume aussi grand que la France, et sans verser le sang, et sans employer d'autres moyens qu'une politique adroite et conforme aux mœurs du pays. Il avait passé sa vie à lutter contre l'influence anglaise, qui finit par l'envahir. Il venait de consentir au passage des troupes anglaises qui se rendaient dans l'Afghanistan.

C'est une grande preuve du bon sens et

de la sagacité politique de Randjit-Singh, d'avoir reconnu son impuissance à lutter contre les Anglais, de ne pas s'être laissé éblouir par ses succès, et de n'avoir pas cédé aux suggestions de ses sirdars, qui l'auraient volontiers entraîné à une résistance absurde contre un pouvoir trop supérieur. Il avait ainsi écarté l'intervention immédiate des Anglais dans les affaires intérieures de son pays, intervention qui leur a soumis tous les pouvoirs de l'Inde qui ont été obligés de la subir.

Le Pendjab pourrait être le siége d'une puissance formidable, surtout si le danger commun réunissait les Sikhs et les Afghans. Mais ces deux peuples se détestent encore plus qu'ils ne détestent les Anglais. Dans le Pendjab même sont

des chefs qui ont été dépouillés par
Randjit-Singh, et qui doivent beaucoup à la Compagnie, qui leur a fait rendre leur territoire. Les musulmans sont
oppressés, et détestent les Sikhs et les
Hindous. C'est cette rivalité de nation à
nation, de chef à chef, et de castes entre
elles, que les Anglais ont su habilement
exploiter, qui explique leur étonnante
puissance dans l'Inde. Ils n'ont qu'à op-
poser les unes aux autres les populations
animées à s'entre-détruire. Cette politique est la même que celle qui a été suivie
en Europe par les pouvoirs qui se sont
élevés sur la ruine des autres. Seulement
dans l'Inde la désorganisation et le dés-
accord étaient encore plus grands, les
moyens des vainqueurs incomparable-

ment supérieurs, et les succès par conséquent ont été plus rapides.

On trouve à Lahore beaucoup de manuscrits persans et hindoustanis. Je fus
assez heureux pour y acquérir le Granth,
le livre sacré des Sikhs. Ce monument
religieux est en langue pendjabi ou gor-
moukhi, langue qui, se rapprochant plus
du sanskrit que du persan, est peu comprise des Musulmans.

La collection de médailles de M. le général Ventura, rapportée par M. le général Allard, celle de M. le général Court,
et les fouilles faites par eux à Manikyala,
ne leur ont pas seulement coûté des som-
mes considérables, ils n'auraient pas
réussi à les former s'ils n'eussent campé
avec des régiments sur les sites mêmes, et

s'ils n'eussent profité de leur influence auprès des personnes intéressées à se captiver leur bienveillance. Ce serait une chimère à un voyageur d'espérer faire quelque chose de semblable. Souvent je vis des personnes apporter des médailles à M. le général Ventura. Il m'en donna quelques-unes en cuivre. Il en donnait aussi à un docteur anglais qui faisait une collection. M. le général Court me fit cadeau de deux inscriptions sur planches de cuivre. Elles n'ont pas l'intérêt des monuments de ce genre, qui, destinés à rendre authentiques les donations de terres faites par des souverains, rappellent le nom du donateur et quelques événements de son règne. Ces deux planches ont déjà été publiées dans le journal de Calcutta.

Randjit-Singh entretenait auprès de sa personne plusieurs pandits. Il avait un brahmane à Bénarès pour dire des prières pour lui. Préoccupé de sa fin prochaine, il aurait volontiers recommandé son âme aux saints de tout l'univers. Son premier pandit passe pour être très-savant. Nous nous écrivîmes en sanskrit. J'allai lui rendre visite. Il a une riche bibliothèque de livres sanskrits volés à la conquête de Kachmir. Je lui en demandai le catalogue; il me dit : « A quoi bon? voici un livre qui vous tiendra lieu de toute science. » C'était un livre religieux de sa composition, sur la nature et les attributs de Civa, dont il est un fervent sectateur. L'astronomie ou l'astrologie, et les controverses religieuses, sont les seuls sujets qui intéressent les pandits qui savent ou prétendent savoir quelque chose. Ils n'ont plus de goût pour leur belle littérature.

Après ma visite, je n'eus plus de nouvelles de mon pandit. Il était facile de voir que j'étais pauvre et sans appuï, et je fus bientôt laissé de côté.

Trompé par les récits des voyageurs, par les promesses les plus positives de protection et d'appui, j'entrepris ce voyage. Je commençais à m'apercevoir que j'éprouvais de grands obstacles, mais j'étais peu disposé à reculer, et sans trop me préoccuper des événements futurs, je m'avançai, résolu à courir les chances.

CHAPITRE V.

Départ de Lahore pour le Kachmir. — Vizirabad. — Gouzerat. — Gouzeronouala. — Urnes funéraires du père et de la mère de Randjit Singh. — Cérémonies funèbres des Indiens et des Sikhs. — Bimber. — Traitement des femmes dans l'Inde. — Exposition des malfaiteurs sur les routes. — Un mariage dans l'Inde. — Vallée de Radjour. — Source d'eau sulfureuse. — Idées des natifs sur les puissances de l'Europe. — Passage du Pir Pandjal. — Seraï d'Alliabad. — Arrivée à Kachmir.

Après avoir obtenu le *perwanah* du roi, je m'occupai d'obtenir celui du premier ministre, le radja Dehan Singh, par le territoire duquel je devais passer pour aller à Kachmir. Le gouvernement est féodal à Lahore. Chaque chef est maître de ses terres. On me donna pour m'accompagner une garde que je devais changer à diverses résidences, et un serviteur subalterne, pour faire valoir le perwanah du roi et du premier ministre. L'hospitalité est la vertu des Orientaux. Dès qu'on est accueilli par eux, ils vous accablent de prévenances, de politesses, et de protestations de dévouement, où il entre certainement beaucoup de métaphores, mais aussi quelque vérité. J'avais droit sur toute ma route à des volailles, à du lait, à un lit et à de l'herbe pour mon cheval : c'était le traitement le moins libéral qu'on pût me faire. Quand on est bien traité, on est accompagné d'un haut serviteur qui prend vos ordres, vous suit partout où vous voulez aller, vous procure tout ce qu'il est possible d'avoir dans le pays, et vous fait respecter. Ma position était toute différente. Le plus grand malheur pour moi était que le perwanah me traçait exactement ma route, et que je ne pus m'en écarter.

Je partis de Lahore le 25 avril, et j'allai de l'autre côté du Ravi camper à la tombe de Jéhanguir. Comme toutes les tombes des grands personnages, elle comprend un jardin, une mosquée et un caravansérail. Je continuai mon voyage, campant sous une petite tente, où je n'étais à l'abri ni du soleil, ni de la pluie, ni du vent, ni de la poussière. Quelquefois aussi je logeais dans de beaux palais entourés de jardins. Cette variété continuelle de fortune n'est pas sans charme.

Tout le pays est plat, sablonneux, et couvert de landes; autour des villages seulement il est cultivé. Il en est de même dans toute l'Inde, même dans les pays soumis à la Compagnie. La raison en est, comme je l'ai déjà dit, que les agriculteurs n'osent pas s'aventurer au loin, de peur des Dacoits et des bêtes féroces; et, dans le Pendjab, ils ont encore plus sujet de craindre. On récolte du blé, de l'orge, du safran, du sucre. Je trouvai quelques touffes d'avoine barbue dont le grain est très-farineux. Elle n'est pas cultivée.

Les villages importants sont bâtis sur de petites éminences, et entourés d'un haut mur. On ferme soigneusement les portes pendant la nuit. Tout atteste un pays longtemps désolé par la guerre et les incursions des Dacoits. Je rencontrai des détachements de troupes qui campaient sur la route, pour arrêter les déprédations de ces brigands.

Les villes les plus remarquables de ce côté du Pendjab sont Vizirabad et Gouzerat. Vizirabad a été presque entièrement reconstruite par le général Aritabile. La grande rue y est très-belle, et, chose rare, très-propre. Des deux côtés elle est bordée d'un rang de boutiques. La porte d'entrée, dite porte de Lahore, fait une espèce d'arc triomphal. On y arrive par une belle avenue plantée d'arbres. A l'extrémité de la ville est un grand jardin, avec plusieurs palais. A cinq lieues plus loin est Gouzerat, appartenant au radja Dehan Singh, qui y fai-

6.

sait exécuter de grands travaux. Il a un joli palais à une lieue de la ville. Tout le pays paraît être en voie d'amélioration.

Les noms des villes et des villages sont sonores et harmonieux. Quelques-uns rappellent une divinité, un saint, un événement remarquable. On y trouve je ne sais quel charme poétique. Les noms changent assez souvent, et les Musulmans et les Hindous appellent quelquefois d'un nom différent le même village.

Sur toute la route, on rencontre des jardins plantés d'orangers, de grenadiers et de lauriers, et beaucoup de puits dont quelques-uns sont comme des fontaines. L'eau est élevée à l'aide d'une machine, et retombe en cascades dans des bassins.

Ce sont presque tous des monuments de bienfaisance. Dans ces climats secs et brûlants, elle ne peut être mieux placée que dans des établissements de ce genre.

A Gouzeronouala est un petit palais, avec un jardin dont le roi avait fait la concession à des faquirs. C'est là que sont les urnes funéraires du père et de la mère de Randjit Singh. C'est le seul monument indien de ce genre que j'aie vu. Les Hindous et les Sikhs brûlent les corps et en abandonnent les cendres.

En me promenant sur les bords des rivières, j'ai quelquefois été témoin de ces cérémonies. Les parents apportent le corps. Ils font un bûcher plus ou moins considérable, selon leur fortune, puis ils se mettent à genoux à la file l'un de l'autre en chantant des prières, et vont se baigner. Quand le feu est bien allumé, ils quittent la place. Après leur départ, les chiens, attirés par l'odeur, arrivent de tous côtés, et cherchent à attraper quelque partie de jambe ou de bras rôti. Je ne sais pas si pour les personnages d'importance tout se passe avec aussi peu d'égards pour le mort.

Colebrooke, dans ses Mélanges, et les livres sanskrits, décrivent la cérémonie tout autrement.

Voici les prières ou plutôt les sentences que les parents agenouillés auprès du bûcher funéraire chantent en s'abstenant de verser des larmes :

« Insensé est celui qui cherche la stabilité dans l'existence humaine, fragile comme la tige du bananier, passagère comme l'écume des flots.

» Quand un corps formé des cinq éléments est venu recevoir la récompense des actions qu'il a accomplies dans une existence antérieure, et qu'il retourne dans ses cinq principes primitifs, quelle raison aurait-on de se lamenter ?

» La terre est périssable ; l'océan, les dieux eux-mêmes passeront. Comment cette misère qu'on appelle un homme échapperait-elle à la destruction ?

» Tout ce qui est petit doit finalement périr. Tout ce qui est élevé doit finalement tomber. Tous les corps composés doivent finalement se dissoudre, et la vie est terminée par la mort !

» Les mânes du défunt goûtent à con-

tre-cœur les larmes de leurs parents.
Ainsi ne te lamente pas, et accomplis di-
ligemment la cérémonie des obsèques. »

Je ne donne pas le détail de mes marches de chaque jour. Les incidents de
mon voyage furent peu intéressants. J'a-
vais des gardes, des serviteurs, et je
mourais de faim, de soif et de chaleur.
Les thanadars, chefs de village, obligés
d'exécuter le perwanah du roi et du ministre, m'envoyaient le rebut des marchés, et pour me faire croire qu'il n'y
avait pas de leur faute, ils défendaient
aux marchands de me rien vendre. L'officier qui portait le perwanah n'était pas
assez important pour se faire obéir, et
d'ailleurs je découvris bientôt qu'il s'en-
tendait avec tout le monde pour me voler

et m'affamer. Je voyageais pendant une partie de la nuit à cause des vents chauds qui commençaient à souffler, et de la chaleur accablante du jour. Le long de la route j'avais la vue des montagnes. L'espoir de les franchir bientôt me consolait de toutes mes fatigues.

Auprès des montagnes, la plaine descend beaucoup, et découvre une troisième rangée peu élevée. Le pays tout autour est très-pittoresque. A Bimber, une femme était attachée à une charrue, avec un bœuf de labour. Dans l'Inde, les femmes de la basse classe se montrent en public, travaillent beaucoup, et sont souvent maltraitées par leur mari. Les femmes de la haute classe, tant musulmanes qu'hindoues, sont enfermées. Il est défendu de parler d'elles, et on ne sait rien de leurs habitudes. On sait seulement que les maris se ruinent quelquefois pour satisfaire aux dépenses de luxe et de toilette de leurs femmes. C'est un luxe dont ils ne tirent aucune vanité personnelle, puisqu'il est caché à tous les yeux. Ainsi les femmes, quoique enfermées et entièrement à la merci de leur mari, ne perdent rien de leur influence. Cela répond à beaucoup de déclamations contre le système oriental.

Depuis Pinda jusqu'à Bimber, la terre est un fond de sable entremêlé de lits de cailloux ronds, absolument comme sur les rivages de la mer. On trouve aussi beaucoup de petits coquillages.

J'allai à Bimber, camper dans une

plaine un peu en avant de la passe. Le site est pittoresque, comme le sont généralement ceux des montagnes. C'est là qu'est le dernier manguier. De l'autre côté de la montagne, la température est trop froide pour eux. Je campai sous le manguier. A côté coulait un ruisseau bordé de lauriers-roses en fleurs.

La plaine de Bimber est encaissée dans les montagnes. Il y fait une chaleur étouffante. Elle est arrosée d'une petite rivière que les pluies enflent subitement au point de la rendre non guéable. Je voulus commencer mes explorations géographiques et reconnaître le cours de la rivière. Le passage me fut refusé; j'insistai vainement. Cette contrariété jointe à la chaleur et à la fatigue du voyage me

donna la fièvre. Je fus pris de vomisse-
ments. C'est la fièvre des montagnes. Le
déplacement est le seul remède contre
les maladies de ce genre; je partis avec
neuf hommes pour porter mes bagages.
Jamais Européen n'avait voyagé en si
pauvre équipage. Au haut de la passe
est une maison de repos pour les voyageurs. Là étaient enfermés dans des cer-
cles de fer deux crânes sur lesquels les
corneilles venaient s'abattre en souvenir
d'un ancien festin. C'est la coutume de
pendre et d'exposer les criminels le long
des routes. Ils servent d'avertissement.

Cette première chaîne s'appelle la
chaîne de l'Adidok.

Au revers de la montagne est une
route étroite dans une forêt de sapins et

de marroniers, par laquelle on descend dans une vallée. J'allai camper près d'un étang. Une course pénible, la fatigue, la contrariété de me voir prisonnier, les insolences de mes gardes, ne purent diminuer le charme des sites qui m'environnaient. Une jolie vallée arrosée de ruisseaux limpides, des monticules qui présentaient à la fois les aspects les plus variés, des montagnes couronnées par des forteresses élevées, des rochers, des bois, des jardins, des champs cultivés, formaient un spectacle enchanteur. A côté de l'étang où je campais était l'habitation d'un faquir musulman, qui m'offrit l'hospitalité dans sa maison. J'aimai bien mieux coucher sous un beau ciel étoilé où se dessinaient les sombres masses des montagnes. Je fus néanmoins reconnaissant de l'offre de ce bon faquir. J'ai toujours trouvé les Musulmans plus hospitaliers et moins intéressés que les Hindous. Je ne parle pas seulement des Musulmans du Pendjab, qui sont opprimés, et par conséquent plus humbles. J'ai fait cette remarque partout. Ils n'ont pas les préjugés qui empêchent les Hindous de prêter leur maison et leurs ustensiles de ménage.

Vers le soir, il passa sur la route une procession d'hommes à pied et à cheval, précédée d'une musique joyeuse. C'était un mariage. On me montra le fiancé, qui était un petit garçon de cinq à six ans ; la fiancée n'y était pas. Ce sont des matières délicates dont on parle peu. Je ne pus avoir d'autres renseignements sur ce singulier mariage. Les mariages d'enfants entre eux et ceux de vieillards avec de jeunes filles en bas âge sont très-fréquents. Les parents concluent ces unions par des considérations de fortune et de famille. Dans certains pays de l'Inde on tue les filles quand on n'espère pas les marier convenablement.

On traverse une seconde chaîne appelée le Keman-Gouchah. Après deux jours de marche, j'entrai dans la vallée de Radjour. Il y a sur la route des caravansérails bâtis par Acber. Ils sont presque tous détruits. La route qu'il fit construire, qu'on appelle la route royale, n'est plus qu'un mauvais sentier où l'on ne peut passer deux hommes de front. Avant d'arriver à la ville de Radjour, on voit un fort dont une tourelle élancée fait de loin l'aspect d'un clocher d'église de nos villages, délicieux souvenir de la patrie ! La vallée est arrosée par une rivière que la fonte des neiges grossissait tous les jours. Il faut souvent la traverser. Le lit est formé de galets mouvants qui rendent le passage difficile. Çà et là sont les ruines de châteaux-forts.

Le radja de Radjour a fait hommage de son pays au radja Dehan Singh. Il était à Lahore quand je passai ; je ne le vis qu'à mon retour. C'est un bon Musulman qui paraît uniquement occupé de prières et de dévotions, mais qui, comme beaucoup de saintes gens, a su se tirer d'affaire dans des circonstances difficiles. Il me demanda ce qui adviendrait de son pays si les Anglais s'emparaient du Pendjab; je lui répondis que cela ne me regardait pas du tout. Je fis la même réponse à son fils, qui me parla du succès des armées anglaises dans l'Afghanistan. Il fut très-surpris d'apprendre que les Français et les Anglais faisaient une nation différente. Il nous croyait les sujets de la Compagnie. Quelques natifs ont entendu parler de Napoléon; ils croient que pour quelque temps il a insurgé son pays, mais qu'après sa mort tout est rentré dans l'ordre. De tous les noms européens anciens et modernes, les natifs, en général, ne connaissent que Rome, Alexandre, Aristote, Platon, Socrate, Solon, Napoléon, la Compagnie, les Français et les Russes. Ils confondent

Rome avec Constantinople et l'Europe entière. Alexandre, disent leurs historiens, est venu de Rome. La Compagnie est un mot magique pour eux. C'est le résumé de toute la gloire et de toute la puissance de ce monde. Un jour, je leur expliquais la véritable signification du mot, et comment une compagnie de marchands était devenue une puissance et s'était emparée de l'Inde. Je m'aperçus qu'ils n'ajoutaient aucune foi à mes paroles. Les Russes commencent à avoir un nom dans le pays. Les natifs en parlent beaucoup, et paraissent accueillir avec un singulier intérêt les détails qu'on leur donne sur cette puissance. C'était l'époque où les Anglais faisaient la guerre dans l'Afghanistan pour contrebalancer

l'influence de la Russie. Le gouvernement anglais laissait les journaux parler
librement des Russes, de leurs projets
d'envahissement, et de leurs espions
dans l'Inde, et permettait d'exprimer
des craintes qui devaient éveiller des espérances chez des populations capricieu-
ses et inconstantes, plus occupées de
changer de maître que de s'affranchir.
Quand les natifs parlent d'une puissance,
leur première question est pour savoir
combien elle a de canons. Ils aiment à
parler politique; et comme ils n'ont aucune idée d'un gouvernement européen,
et qu'ils croiraient qu'on se moque d'eux
si on leur disait la vérité, il n'est pas facile de leur faire des réponses satisfai-
santes.

Je profitai de la permission du fils du radja pour visiter une source d'eau sulfureuse qui est dans ses domaines. Cette source est très-abondante, et forme de suite un gros ruisseau sur les bords duquel se dépose le soufre à l'état naturel. Le site tout autour a un aspect volcanique. On y trouve de grands amas de sulfate de cuivre et de fer. Tout le reste de la vallée est bien cultivé et très-fertile. Le riz est si bon que simplement bouilli et sans assaisonnement il est savoureux. Il y croît des abricotiers, des pruniers et des mûriers, et une très-mauvaise espèce de fraise à fleurs jaunes. Les orangers et les grenadiers sont cultivés dans les jardins. Les montagnards de village à village sont en guerre continuelle entre eux. J'appris sur ma route que dans un combat cinq à six hommes avaient été tués. Rien chez ceux que je rencontrais ne justifiait cette belliqueuse disposition. Ils se sauvaient dès qu'ils me voyaient approcher, dans la crainte d'être maltraités par les gardes qui m'escortaient.

Aussitôt que la route fut ouverte, je passai le Pir Pendjal. Aux sites riants de la vallée de Radjour, succédaient des montagnes à pic couvertes de forêts de sapins, des torrents qui descendaient avec un horrible fracas, des cascades qui jaillissaient de rochers élevés. C'était l'époque de la fonte des neiges. Je fus un moment engouffré dans une vallée profonde, ayant de l'eau jusqu'à la ceinture, obligé de me cramponner aux buissons et aux branches d'arbrisseaux pour avancer. D'énormes pierres détachées par les neiges descendent et éclatent en mille morceaux. Il est impossible de calculer leur direction et de les éviter. Un des hommes qui m'accompagnaient fut renversé. Le Pir Pendjal forme une pente peu rapide qu'on monte par plusieurs stations successives. Les villages sont pauvres. On jette autour des habitations les ordures et les débris des animaux. A peine trouve-t-on de la place pour y dresser une petite tente. A la station avant de traverser le Pir Pendjal, il est d'usage de tuer une chèvre pour sa suite, sur une pierre consacrée à cet usage. Ce site forme un spectacle de majesté et de tristesse. De tous côtés la vue est bornée par des montagnes de neige et des forêts de sapins. Partout régnaient la solitude et le silence, qu'interrompait par intervalles le chant doux et mélancolique d'un oiseau, seul habitant de ces parages.

A mon arrivée au sommet du Pir Pendjal, un nain vint m'apporter des fleurs. Il est doué, dit-on, d'un pouvoir magique pour exciter et calmer les tempêtes. Il semblait par un air soucieux et réfléchi chercher à justifier le respect mystérieux qu'il inspire. Je voulus lui parler ; il ne me répondit pas.

Il y a sur la cime même un fort qui est abandonné pendant l'hiver. Le plateau est étendu et entouré des deux côtés par des rochers de couleur verte où la neige ne fond jamais entièrement. Il faisait très-froid ; un épais brouillard dérobait la vue tout autour. J'étais accablé de fatigue. Je tombai engourdi sur des pierres au-dessous desquelles murmurait une source. A côté croissait de l'angélique. La nuit venait ; je me remis en marche. J'arrivai à Alliabad à la nuit close. Alliabad est simplement un caravanserail que son absolue nécessité a préservé d'une ruine complète. Je logeai dans une chambre enfumée où il y avait tout juste de la place pour un lit. Pour y arriver, il fallait traverser un grand trou où je descendais et d'où je remontais par une échelle. La terre était couverte de neige qui tombait en abondance. Avant Alliabad, le plateau descend dans une vallée profonde dont j'entrevoyais à peine les sombres horreurs au milieu des éclairs et du tonnerre. Le site est sujet à des ouragans furieux dans lesquels les voyageurs sont enveloppés. Sur la route étaient les débris d'un malheureux tout disloqué. Les chairs récemment découvertes par les neiges étaient en état de conservation parfaite.

Après deux jours de séjour forcé dans le caravanserail d'Alliabad, je partis malgré la neige qui tombait et malgré les réclamations de ma suite. Tout le long de la route, il fallait de nouveau traverser des torrents d'eau glacée. Pour passer les plus difficiles, je trouvai de petits ponts en bois nouvellement construits. De distance en distance il y a des forts qui dominent les vallées et les routes. Le côté des montagnes exposé au nord est couvert d'une forte végétation. On trouve beaucoup d'arbres à moitié brûlés par la foudre. On en trouve aussi quelques-uns au pied desquels les voyageurs ont allumé du feu et qu'ils ont brûlés pour leur usage. On descend beaucoup avant d'arriver à la vallée, mais bien moins qu'on n'a monté, et il est facile de juger de sentiment de la haute élévation de la vallée de Kachmir. J'y arrivai le 22 mai. Pour première station je trouvai une cour plantée de pommiers, entourée de fossés où croissaient les ronces, les orties et le trèfle rouge. Il me semblait être dans une cour de ferme de la haute Normandie. Ce spectacle, loin de me réjouir, m'attrista. J'étais en disposition mélancolique, et mes premières pensées sur cette belle terre de Kachmir furent de regret pour la patrie.

Au moyen de la protection du gouvernement anglais, qui assure celle du gouvernement natif, on voyage partout avec la plus grande sécurité. Les privations et les fatigues, inévitables dans la vie de voyage, sont moindres que celles auxquelles on doit s'attendre dans ces contrées encore peu civilisées. Le pire inconvénient est la vermine qui fourmille dans les maisons et sur la terre même. Elle grouille sur vous. Le pays, les hommes, le langage, les mœurs, tout est nouveau. Le changement, la variété continuelle de positions, l'incertitude

d'un gîte et des événements du lendemain, donnent un charme infini à la vie
errante.

Tout le pays est intéressant à explorer
dans l'intérêt des sciences naturelles et
de la géographie. Il n'y a rien à faire
pour l'archéologie et la littérature. Il
n'y a ni monuments, ni livres, ni savants. Cela est d'autant plus extraordinaire que dans la vallée de Kachmir
et dans les montagnes environnantes
au nord, on trouve des monuments anciens, des lieux de pèlerinage, et des traditions d'antiquité hindoue. Comme on
voit dans la vallée de Radjour beaucoup
de ruines de châteaux-forts, on peut penser que les chefs qui y régnaient se faisaient la guerre entre eux, et qu'au mi-

lieu des troubles continuels qui ont agité le pays, toute trace de littérature et d'antiquité a disparu. Je rappelle en outre que j'étais tout seul, que je n'avais personne auprès de moi pour prendre des informations précises sur le pays, et qu'avec des ressources plus étendues j'aurais peut-être été plus heureux.

CHAPITRE VI.

Ville de Kachmir. — Top. — Opinion des habitants
sur l'état primitif de la vallée. — Salomon. — Kacyapa. — Monuments anciens. — Bayadères. — Pandits de Kachmir. — Obstacles mis à mon voyage.

La ville de Kachmir s'étend le long du
Djalum. Les maisons sont construites en
bois, sur des fondations en pierres de
taille. Les fenêtres sont fermées par des
compartiments en bois découpés à jour,
et formant des dessins variés. On les en-
lève à volonté. Pendant les froids on les
recouvre de papier. Les toits sont couverts
de terre. Il y pousse de l'herbe et des
fleurs. C'est ainsi que sont toutes les maisons dans la vallée ; et de loin les villes et

les villages ont un aspect très-pittoresque.
Le long de la rivière sont amoncelées
d'énormes pierres de taille qui forment
les quais. Excepté la grande mosquée,
qui est construite en bois, toutes les mosquées sont bâties avec ces pierres, débris
d'anciens temples hindous. Plusieurs pierres portent des figures, et trois portent
des inscriptions. Une de ces inscriptions
est dans la rivière, et découverte seulement pendant les baisses extraordinaires
des eaux. Les ponts sont construits en
bois sur pilotis de pierre. Ils ont des boutiques comme sur le pont Neuf. Rien
n'est plus charmant qu'une promenade,
le soir, sur la rivière. L'ombre dérobe
aux yeux la saleté de la ville et des habitants. Du fond noir des maisons se déta-

chent quelques fenêtres éclairées où se dessinent les légères et gracieuses formes des brillantes fées du pays.

La ville est dominée par un fort qui de loin fait un aspect terrible. Au bas est un palais presque entièrement conservé. Tout autour est un joli lac entouré de montagnes et couvert de plantes et de fleurs, mais très-insalubre. Il exhale dans les temps de sécheresse une odeur infecte de bourbe. Il est alimenté par beaucoup de sources. Tantôt il se décharge dans la rivière, tantôt, au contraire, la crue des eaux environnantes le fait remonter. Au bord de ce lac, à l'est, est un top indien, avec la mosquée rivale bâtie à côté. La mosquée est complétement en ruines. Le top est encore de-

Top. sur un monticule près de la Ville de Cachemyre.

bout, seulement il paraît incliné comme s'il avait été ébranlé par une forte secousse (1). Ce top enferme un linga ; le dôme est en forme de cloche.

On montre la place d'où Salomon ordonna aux eaux de se retirer. Les natifs disent qu'autrefois la vallée était un lac, et qu'elle devint tout à coup une terre habitable. Les Musulmans attribuent le miracle à Salomon, les Indiens l'attribuent à Kacyapa, célèbre *Mouni* qui perça la vallée à Baramoula. Sans recourir à des fables, on peut admettre, d'après la tradition, que la vallée était un lac, et que ses eaux comprimées et pressant ses bords, finirent par s'ouvrir un passage à Bara-

(1) Voir le dessin de ce top, qui a été pris sur les lieux.

moula, où le terrain incline beaucoup.
Les habitants s'aperçoivent encore à présent de la diminution progressive des
eaux. Ils montrent de vastes plaines qui
étaient autrefois des étangs. Beaucoup de
sources se sont taries; du moins on ne
trouve plus de traces d'eau dans des ruines de villes fort étendues, qui, dans un
pays si bien arrosé, n'ont pas dû être bâties sur des emplacements arides.

La terre de Kachmir est réputée
sainte par les Hindous. Les Musulmans
l'ont aussi en grande vénération. Chaque
secte y a ses pèlerinages, ses saints, ses
légendes; mais tout ce qui est monument religieux ancien est hindou. On
montre une grande barbe qu'on dit être
celle du prophète; une pierre dans le

lac est un homme changé en pierre par un saint musulman irrité; les Hindous ont mieux que cela; ce sont de grands temples, de majestueuses ruines qui ont défié la rage dévastatrice de leurs ennemis, et qu'ils ont été impuissants à rivaliser. Presque toutes les mosquées élevées par les Musulmans auprès des temples hindous sont en ruines, tandis que les temples hindous sont encore debout.

Les palais modernes des empereurs mogols sont mieux conservés, surtout les admirables jardins et palais de Shahbaz et de Nishahlabaz, dont le gouvernement actuel prend soin. Les jardins sont en amphithéâtre. A chaque étage sont des constructions plus ou moins importantes. Une source d'eau coule au milieu en formant des cascades, des bassins et des jets d'eau. Au-dessous des cascades sont de petites cavités destinées à recevoir des lumières qui se réfléchissent dans les eaux scintillantes. Les natifs font baigner dans les bassins des bayadères à l'état de naïades. Ils sont très-passionnés de ces spectacles pour les yeux, et des jeux de lumière. Leurs feux d'artifice sont très-brillants. Ils s'en donnent souvent la récréation dans leurs maisons, même aux jours ordinaires. Ils y mêlent les femmes, les fleurs, les riches costumes, la musique et la danse. Ils aiment le brillant et l'exagération, qui se retrouvent partout, dans leurs costumes, dans leurs fêtes, dans leur architecture et dans leur poésie. C'est sans doute au milieu de ces spectacles faits uniquement pour flatter les yeux et les sens les plus grossiers qu'ils ont perdu le goût et le sentiment de la nature. Quand on a séjourné quelque temps dans les grandes villes et au milieu des natifs, on finit par se plaire aux métaphores, et à cette nature artificielle qui émaille les parterres de la poésie persane, et qui semble l'image exacte de ce qui frappe continuellement les yeux.

Dans ce pays si vanté pour la beauté de ses femmes, il est impossible de se figurer les horribles créatures qu'on rencontre dans les rues. Quant aux femmes un peu distinguées on ne les voit pas. Il ne reste que les bayadères, mais comme on exporte les jolies à Lahore et dans

l'Inde, et que la plupart ne reviennent
que lorsqu'elles ne sont plus dignes d'oc-
cuper les loisirs d'un public distingué,
ce n'est pas à Kachmir qu'on peut juger
d'elles. Parmi celles qui m'ont rendu visite, j'en ai trouvé tout au plus deux ou
trois jolies, et pourtant avec leurs cheveux si joliment nattés, leurs beaux yeux
noirs, leurs traits distingués, leurs bijoux, leur costume coquet, leurs chants
et leurs danses gracieuses, il faut qu'elles
soient laides pour ne pas charmer. Les
bayadères sont à la fois artistes musicien-
nes, danseuses et courtisanes. Elles jouis-
sent d'une certaine considération, et on
passerait pour fort mal élevé si on ne les
recevait pas. Leur chant est doux et mélancolique, même quand il exprime la

joie et l'amour. Il paraît d'abord étrange, mais peu à peu on s'y accoutume, et il finit par transporter. Le collyre qu'elles se mettent autour des yeux les allonge. C'est une coquetterie, et aussi un moyen de se garantir des ophthalmies fréquentes dans le pays à cause des marais. De bonne heure elles apprennent à feindre les passions, l'amour, la pudeur, la jalousie, et elles les expriment d'une manière si naïve et si réelle qu'il est impossible de ne pas se faire illusion. Elles n'ont rien de l'air fade et apprêté de nos danseuses, qui, du reste, pour la grâce et la légèreté leur sont incomparablement supérieures.

Les Orientaux, malgré le grand nombre de femmes qu'ils entretiennent, appellent souvent les bayadères à leurs

fêtes. La danse et le chant sont proscrits
de l'éducation des femmes honnêtes.

Les danseurs s'habillent en femmes.
Ils s'étudient tout jeunes à imiter les manières féminines, et ils les imitent si bien
qu'on se méprend complétement. Ils font
souvent partie de troupes ambulantes qui
jouent en plein air. On y représente des
scènes grotesques de différents caractères
de personnages, et la liberté avec laquelle
on se moque du gouvernement et de ses
officiers est surprenante. Le despotisme
est trop bien établi dans les mœurs pour
avoir quelque chose à craindre de la cri-
tique et du ridicule.

A mon arrivée à Kachmir, je trouvai
Mirza-Ahed, l'ancien mounshi de Jacquemont. Il me donna des renseigne-

ments sur le pays, il m'indiqua les lieux intéressants à visiter, les inscriptions, les ruines et les monuments; il me procura aussi quelques médailles. Malheureusement j'avais pour ce dernier objet un concurrent redoutable en la personne de M. le capitaine Cunningham, aide de camp du gouverneur général, qui avait écrit sa prochaine arrivée à Kachmir, et avait recommandé qu'on lui mît de côté des médailles. Je levai les inscriptions qui n'avaient pas été levées avant moi; une sur une mosquée, celle de la rivière, et quelques lettres au bas d'une maison.

On me présenta le plus savant de tous les pandits de Kachmir. Il savait à peine lire, mais il ne comprenait pas un mot à ce qu'il lisait, ni lui ni son fils. Son fils me lut quelques vers de *Ciçupalavada*, d'un ton de plain-chant. Il me parla d'une histoire du pays, qu'il avait donnée à Moorcroft, disant que c'était le seul monument de ce genre qui existât à Kachmir. C'est le Radja-Tarangini. Je lui demandai des catalogues de livres. Il me répondit qu'il n'y en avait plus dans le pays, parce que les pandits du roi de Lahore les avaient emportés à l'époque de la conquête de Kachmir. Le grand pandit du roi m'avait bien dit que je ne trouverais pas de livres à Kachmir; mais il ne m'en avait pas dit la raison.

Ma bonne réception à Kachmir ne dura pas longtemps. Les lettres du roi et du premier ministre étaient peu favorables. Une note me fut donnée de quelques endroits curieux à visiter, et je n'eus pas même la liberté de me promener dans l'intérieur de la vallée. Il me fallait camper strictement aux endroits indiqués sur le perwanah. Pour changer de route il me fallait écrire au gouverneur, qui répondait deux ou trois jours après, en me traçant un nouvel itinéraire qui me créait de nouveaux embarras.

Les lettres du gouverneur étaient au reste fort polies, et écrites dans le style persan le plus fleuri. J'étais toujours un océan sans rivages de savoir, je faisais pâlir l'astre de la science des pandits de Kachmir ; ce qui n'était pas bien difficile. J'étais le Platon, l'Aristote et le Socrate de mon temps.

La langue persane est la seule usitée dans les lettres. C'est aussi la langue polie des cours natives. Elle a l'avantage d'être fixée, et de ne pas changer à chaque localité, comme l'hindoustani, mais elle n'est pas comprise du vulgaire.

CHAPITRE VII.

Voyage dans l'intérieur de la vallée. — Pampour. —
Étang près Pampour. — Temple indien. — Bornes.
— Ruines. — Inscriptions. — Bidjbiar. — Islam-
abad. — Ruines sur le plateau d'Islamabad. — Mautton. — Caves. — Vernag. — Pierre de feu et de neige.
— Mines. — Serpents, ours, lions et tigres très-
nombreux à Kachmir. — Description des premiers
voyageurs. — Nouvelle de la mort de Randjit-Singh.
— Femmes sikhes et hindoues qui se brûlent avec
leurs maris. — Voyage à l'ouest de la vallée. —
Temples anciens. — Baramoula. — District de Kamradj. — Pic de Balarama. — Fabrique de châles. —
Produits de Kachmir. — Richesse de la vallée. —
Misère des habitants. — Intérêt d'un voyage pour
l'archéologie et la littérature ancienne. — Politesse
des Orientaux.

A deux lieues de la ville, en remontant le Djaloum, est Pampour. Avant d'y
arriver on trouve un étang au milieu duquel est un temple. Pour avoir un plan
de ce temple, je me servis d'une mau-

vaise barque qui enfonça. Les rameurs me prirent sur leur dos pour me ramener. Je me proposais de revenir et d'avoir une meilleure barque. Je ne pus en obtenir une. J'ai pris seulement le dessin du temple (1). Le style en diffère de celui des temples des autres parties de l'Inde. Les toits sont très-inclinés, tandis que les toits des maisons de Kachmir sont presque plats. Cette inclinaison des toits est beaucoup plus rationnelle dans un pays où il tombe de la neige. Au bas de la montagne voisine du temple sont les ruines d'une ville considérable, et d'énormes lingas. Il n'y a plus de trace d'eau : il faut que quelque source se soit tarie ou ait été détournée de son cours.

(1) Voyez la figure ci-contre.

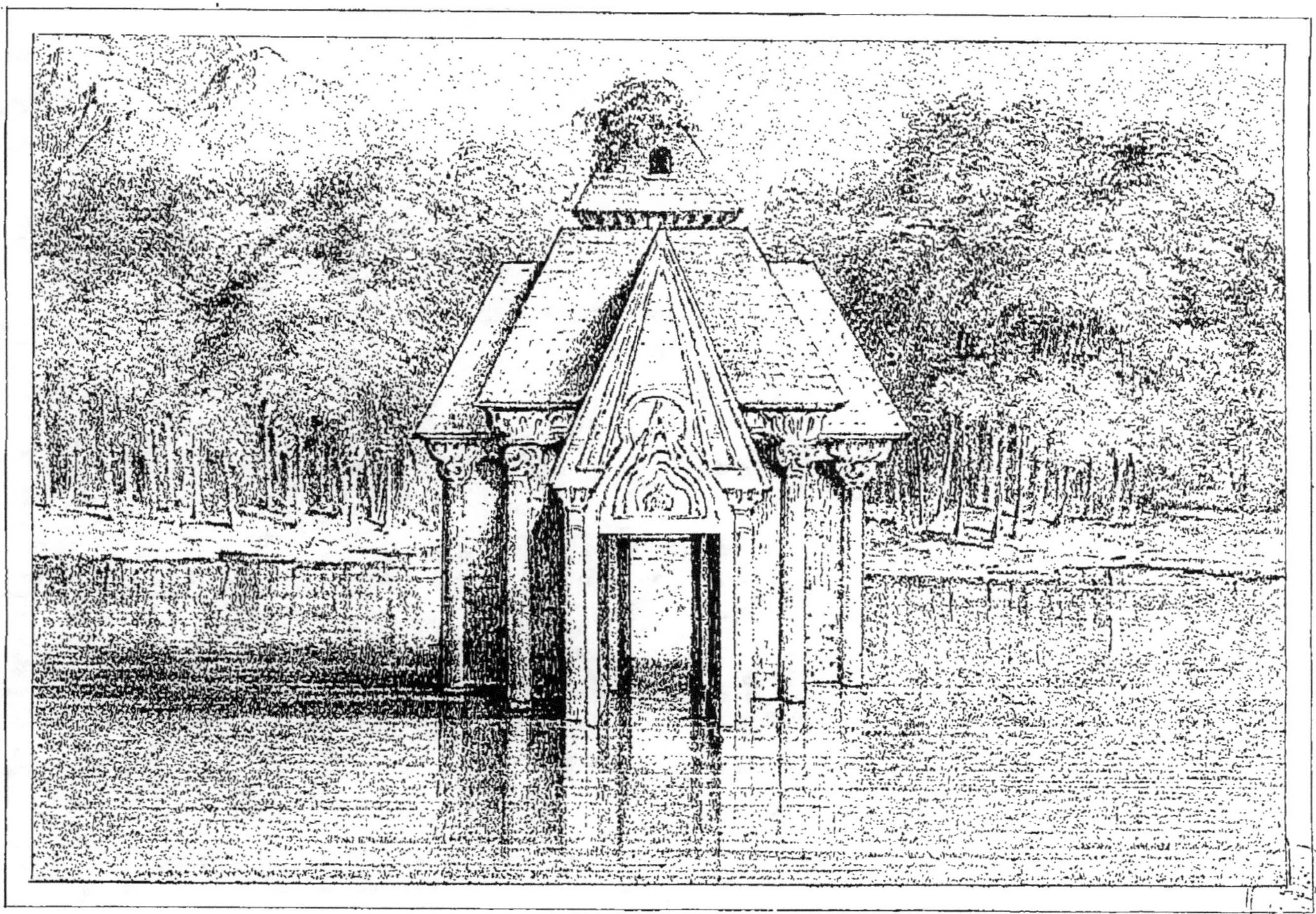

Temple dans un étang à Painpoor (Cachemyre)

Auprès de l'étang gisent des colonnes, débris d'une mosquée depuis longtemps en ruines. Les musulmans ont régulièrement construit une mosquée à côté des temples hindous. Ces ruines sont infestées de serpents. Je les voyais de tous côtés se sauver et regagner leurs trous. A Pampour j'en vis un énorme sur un mur. Autour de lui voltigeaient des oiseaux en cercle, fascinés comme le papillon par la flamme. On le tua à coups de bâton, puis, en le tenant par la queue, et en lui imprimant un mouvement violent de rotation, on lui fit rendre deux petits oiseaux qu'il avait avalés.

De Pampour j'allai à Ventipoura. On passe au milieu d'étangs qui se comblent chaque année davantage. On rencontre plusieurs sources d'eau sulfureuse. Dans les champs sont plantées des bornes portant des figures. On en trouve plusieurs à côté les unes des autres, et en supposant qu'elles aient servi autrefois à borner les héritages, elles n'ont plus maintenant la même destination. Près Ventipoura sont les ruines d'une grande ville. Il n'y a pas non plus de source ni de trace d'eau. Je montai jusqu'à un endroit où étaient deux mûriers. Personne ne m'avait suivi. Deux gardes arrivèrent bientôt tout effarés. Un ours venait de quitter la place, et avait laissé des traces encore fumantes. Au bas des ruines sont d'autres ruines de deux temples hindous; l'un d'eux, encore assez bien conservé, est couvert de bas-reliefs tout à fait mutilés.

Deux mosquées ont été bâties à côté de ces temples. En se dirigeant au nord vers les montagnes on trouve à mi-côte, auprès d'une source ombragée d'un vieux platane, une inscription sanskrite. En escaladant la montagne qui est à pic, on trouve sur le revers une grande idole; puis, en descendant un escalier, des caves où sont des figures d'hommes et de serpents. Cet endroit me fut indiqué par un très-vieux pandit. Aucune tradition ne s'en est conservée.

A Bidjbiar est une inscription de deux lignes sur une mosquée. Elle est en fort mauvais état : à peine si on peut reconnaître la forme de quelques lettres.

On trouve non loin de là un autre temple dans un étang auprès duquel sont des caves profondes taillées dans le roc. La porte en est fermée. C'est un faquir musulman qui l'ouvre. Je fis tomber avec une canne les chauves-souris qui en tapissaient les voûtes. Les soldats sikhs intercédèrent pour elles. S'il s'était agi de maltraiter un homme, ils n'auraient pas été si humains.

La ville la plus importante après Kachmir est Islamabad. Il s'y fabrique beaucoup de châles et surtout de tapis en *patou*, espèce de grosse étoffe dont les habitants se font des habits. Les maisons de la ville sont construites en bois sur des fondations en pierres et en briques. Les toits sont couverts de terre, de plantes et de fleurs. Elle est arrosée par plusieurs sources, dont deux sont sulfureuses, et par le Djaloum, sur lequel est construit un pont en bois. La ville et les habitants sont horriblement sales.

Tout le pays de Kachmir à Islamabad est magnifique. Les plaines entrecoupées de bois, de monticules, et arrosées de sources vives, ravissent les yeux fatigués de la monotonie des hauts pays de l'Inde. On a raison de dire que Kachmir en est le paradis, et on conçoit tout l'enthousiasme des Orientaux pour cette belle vallée; mais après tout elle n'est pas supérieure à une belle province de France.

A deux lieues d'Islamabad, sur un plateau élevé, sont de magnifiques ruines couvertes de bas-reliefs représentant un grand nombre de figures de tigres. Les montagnes environnantes leur font

8.

comme un cintre. A toutes les questions, les natifs répondent que ces monuments ont été bâtis par les Kourous et les Pandous. Ce sont les noms de deux familles anciennes citées dans les poëmes épiques sanskrits. J'examinai bien toutes les pierres l'une après l'autre; elles ne portent pas d'inscription. Le monument est enfermé dans une cour carrée. Les portes de la cour sont elles-mêmes magnifiques et couvertes de bas-reliefs. Les murailles sont bâties en énormes pierres de taille. La salle centrale est très-petite, et ne paraît pas avoir jamais été destinée à admettre le public. Il en est de même de tous les temples de Kachmir. En outre, il y en a trois qui sont construits au milieu d'étangs, ce qui donnerait à penser qu'on préférait ne pas laisser approcher la foule. Ces temples, selon la tradition, renfermaient des idoles.

En descendant au nord-est, on trouve Mautton. Il y a un étang sacré entouré d'habitations où restent des faquirs. On y garde le Granth. Les poissons de l'étang sont sacrés. C'est une œuvre méritoire de leur jeter quelque nourriture. Plus loin sont des caves creusées dans le roc, où l'on entre par des portes taillées en forme triangulaire. Il y a des lingas dans l'intérieur. D'autres caves où on ne pénètre plus sont, dit-on, fort étendues. Beaucoup de sources s'échappent de là, et vont se réunir au Djaloum, qui forme de suite une rivière navigable.

A Vernag sont les ruines d'un palais

construit par Jehanguir. Il ne reste plus qu'un pavillon au milieu de bassins formés par une chute d'eau considérable. Au milieu des ruines est une figure de Ganeça. Je trouvai sur ma route une figure de la déesse Parvati.

Il y a de ce côté de la vallée beaucoup de petits étangs formés par des sources. Les Hindous et les musulmans les regardent comme sacrés, et ils en nourrissent les poissons, qu'ils disent être les enfants de Dieu. Je leur disais que nous l'étions tous. Mais je ne pus obtenir d'autre explication du culte particulier qu'ils rendent aux petits habitants de ces sources.

On cite comme une curiosité une pierre de feu et une pierre de neige. La pierre de feu est un gros bloc de silex, et la pierre de neige est dans une caverne obscure où l'on a de l'eau glacée jusqu'à la moitié des jambes, et où l'on ne voit rien du tout. En supposant que cette pierre de neige existe, ce peut être un glacier dont le sommet s'élève dans la caverne, où la température n'est pas assez élevée pour faire fondre la glace.

Dans ces montagnes il y a beaucoup d'asperges et d'excellentes fraises, deux luxes gastronomiques inconnus aux habitants.

Je visitai sur ma route deux mines de fer en exploitation, et des forges. Il faut entrer dans les mines en se couchant et en marchant sur les mains et sur les genoux. Il n'y a pas de constructions ni de galeries. Le pays est très-riche en mines;

aussitôt que les travaux s'étendent un peu loin, on les abandonne pour exploiter une autre mine.

Il y a du côté de ces montagnes des sites fort célèbres, entre autres un lieu de pélerinage, où se rendent, en août, des milliers de faquirs. Il faut marcher plusieurs jours sur la neige. On me fit le récit des dangers et des fatigues que je courrais. Comme j'insistai, on finit par me refuser la permission d'y aller. Sur toute ma route j'étais comme prisonnier, obligé de restreindre mes excursions aux endroits qu'on m'avait spécialement désignés. Je n'avais auprès de moi aucun homme du pays. Tous ceux qui avaient suivi les autres voyageurs, voyant qu'ils n'avaient rien à gagner, s'étaient excusés. Quand on n'a pas auprès de soi un natif respectable, il est impossible d'obtenir des renseignements. Je ne pouvais pas même avoir le nom des villages. Au contraire, mes moindres paroles et mes moindres actions étaient épiées et rapportées au gouverneur, qui envoyait des bulletins à Lahore. Comme tous les faiseurs de bulletins, il mentait pour les rendre intéressants. J'eus occasion de le vérifier par quelques-uns qui vinrent à ma connaissance.

Je revins à Kachmir en longeant les montagnes au nord. La nuit, les ours et les lions descendent dans les plaines. Il faut allumer des feux autour des tentes et des chevaux pour les éloigner. Un jour nous trouvâmes à cinquante pas de

la tente une génisse qui avait été tuée par
un tigre.

C'est avec intention que j'ai beaucoup
parlé de serpents et de bêtes féroces,
parce que les premiers voyageurs, sans
doute pour ne pas gâter par de tristes
images les descriptions de la romantique
vallée, ont dit qu'il n'y en avait pas. Les
serpents sont au contraire très-nombreux
et très-dangereux. Shah-Çaheb, l'ami
des Européens, me dit que leur morsure
occasionnait la mort au bout de quelques
heures. Il me demanda si je connaissais
quelque remède contre leur venin. Les
lions, les tigres et les ours, viennent jus-
que dans les villages attaquer les troupeaux. Une autre plaie de Kachmir est
la vermine, qu'entretient la malpropreté

des habitants. Elle grouille partout. Il y a surtout près des montagnes une espèce de petite mouche qui attaque par milliers les hommes et les chevaux, et qui ne laisse aucun repos. Les moindres ruisseaux abondent en sangsues, dont une espèce passe pour être venimeuse. On y est également incommodé par le moustique indien, dont le bourdonnement est aussi insupportable que la piqûre. Il y a dans les champs et sur les arbres beaucoup d'espèces de lézards venimeux. Le pays est très-malsain. Dans les bas-fonds on est exposé à des fièvres continuelles. Ni moi ni aucun des hommes qui m'accompagnaient n'y échappâmes. On est aussi très-exposé aux ophthalmies, causées par l'abondance des eaux marécageuses. Je fus complétement aveugle pendant quinze jours. Ce n'est pas tout à fait, comme on le voit, le paradis terrestre de Bernier, où ne coulent que des ruisseaux de lait et de miel. Mais Bernier avait longtemps séjourné à Delhi, dans un pays sec et brûlant, et rien n'est enchanteur comme l'aspect général de la vallée de Kachmir, de ses hautes montagnes couvertes de neige, de ses monticules boisés, et de ses campagnes arrosées de ruisseaux limpides, couvertes d'une riche verdure et des plus belles fleurs.

J'appris à mon retour à Kachmir la mort de Randjit-Singh. Une dizaine de femmes s'étaient brûlées avec lui. Les femmes sikhes ont adopté cette coutume hindoue, effet d'une ferveur religieuse qui s'éteint chaque jour. La preuve en est que les Anglais ont réussi à l'abolir dans tous les pays qui leur sont soumis. D'après les lois hindoues, la femme qui se remarie est déshonorée ; il lui faut terminer ses jours dans l'exil et l'abandon. La perspective d'une pareille existence, la certitude d'obtenir de suite le bonheur dans l'autre vie, quelquefois le premier regret de la perte d'une personne aimée, ont dû naturellement engager les femmes à se jeter dans le bûcher funéraire avec leur mari. Elles s'y jettent revêtues de leurs plus beaux habits, et couvertes de leurs bijoux, qui sont le partage des prêtres. On comprend l'intérêt que ces derniers ont à encourager de pareils sa-

crifices. A la mort de No-Néhal-Singh, pe-
tit-fils de Randjit-Singh, les Anglais arrivèrent assez à temps pour arracher au
bûcher une des victimes.

Après quelques jours de prison dans
la ville, je repartis pour visiter l'ouest de
la vallée. Il y a de ce côté plusieurs temples hindous plus ou moins bien conservés. Ils sont toujours dans le même style
d'architecture que celui de Pampour. Il
y en a un dans un îlot au milieu d'un
grand lac. Tout autour sont des amas de
pierres qui forment une espèce de chaus-
sée. Une tradition dit que sur cet emplacement était autrefois une grande ville.
Ce lac a plusieurs lieues de circonférence.
On y est exposé à des tempêtes. Sur ses
bords, du côté du nord, est une monta-

gne qui rend de temps en temps un son semblable à celui du canon. Les habitants disent qu'on entend cette détonation souterraine quand le pays doit changer de maître. On l'entendit quelques jours avant la mort de Randjit-Singh, et une seconde fois encore pendant que les Anglais triomphaient dans l'Afghanistan, et qu'on parlait de leurs projets de s'emparer du Pendjab. La mort de Gorak-Singh, fils et successeur de Randjit-Singh, arriva quelque temps après. La rencontre était singulière. L'eau de ce lac est très-belle ; elle n'a pas l'odeur de bourbe du lac de la ville de Kachmir. Toute la surface est couverte de singuerah, espèce de noix d'eau qui sert de nourriture aux habitants pauvres. Le re-

venu pour le trésor est d'un lac de roupies (250,000 fr.).

Il y a deux autres temples très-proches
l'un de l'autre à Pautton, et un à Foutighour dans un fort, ou plutôt qui sert lui-
même de fort.

Enfin, on en trouve un dernier après
Baramoula, sur les bords du Djaloum,
dans une vallée très-étroite. Il est adossé
à une montagne à pic, hérissée de rochers du milieu desquels s'élève une forêt de sapins. Il ne porte aucune trace de
figure, et c'est probablement à cette circonstance qu'il doit d'avoir été respecté
par les musulmans. Maintenant des ar-
bustes et des arbrisseaux le couvrent de
leurs rameaux. Un vieux pandit me dit
que dans les montagnes voisines il avait

eu autrefois connaissance d'un temple et d'inscriptions, mais que depuis long-temps on n'y allait plus, et qu'il ne saurait en retrouver la route. Il m'indiqua vaguement deux inscriptions qui étaient dans le voisinage. Je les trouvai au milieu d'un champ de riz après de très-longues recherches. Ces deux inscriptions sont auprès de sept petites sources. L'endroit s'appelle *Sath Richi*. Près Foutighour il y a beaucoup de bornes portant des figures. Tout le district est entrecoupé de montagnes boisées, et forme de petites vallées dans la vallée. On y trouve des ruines de villes très-grandes, et des figures des divinités indiennes, surtout de la déesse de la guerre. Une pierre colossale représente *Tshatour Mougha*.

A Baramoula, le Djaloum s'échappe par une gorge très-étroite. Il roule avec fracas sur des rochers énormes dont il entraîne des débris dans son cours. Il y a aux environs, dans le creux des montagnes, de vastes amas de sables.

Entre Kachmir et Baramoula est Saupour, où est un fort bâti à l'extrémité d'un pont en bois. La sentinelle du fort m'arrêta par ordre du commandant. Cette insulte inutile me parut de très-mauvais augure, mais j'eus bientôt au contraire un sujet de me réjouir. C'était une lettre très-aimable du gouverneur, qui m'envoyait un perwanah pour visiter le district de Kamradj, ou plutôt un site fort célèbre de ce district où Rama vint se reposer après la conquête de

Lanka (Ceylan). Je devais cette faveur à M. le général Ventura, qui, daignant enfin se souvenir de moi, avait écrit au gouverneur. Il ne lui aurait pas coûté beaucoup d'écrire plus tôt et plus souvent.

Le district de Kamradj est très-boisé et arrosé d'une rivière qui porte le même nom. On se perd dans un labyrinthe de monticules et de petites vallées. On change à chaque instant de température. Dans une même marche je reçus la pluie chaude, puis de la neige fondue. Je campai en août sur la terre couverte de neige. A quelque distance de là il croissait du riz et on récoltait le raisin mûr. Je devais rencontrer dans une de mes marches un pendu sur la route, mais les ours l'avaient décroché, et m'épargnèrent ce désagréable spectacle. Il ne restait que la potence, qui était suspendue à un arbre. J'arrivai après cinq jours au lieu du pèlerinage. Au bas d'une montagne sont quelques grosses pierres de taille dont l'arrangement laisse voir qu'elles formaient un édifice régulier. C'est la demeure de Rama. A côté est la demeure des serpents, construite avec des pierres brutes. Un peu plus haut, auprès d'un bassin formé par une source, est une place vide qu'on dit avoir été la demeure de Sita et de Lakshmana. Ces ruines sont ombragées de marroniers et de sapins. Un oiseau d'un brillant plumage vint voltiger devant moi, comme pour me remettre en mémoire l'histoire des malheurs de

Sita (1). En remontant un peu à droite. dans la forêt, on trouve auprès d'une source l'habitation d'Hanouman. La terre est nue. On y trouve seulement une figure de ce singe célèbre.

L'habitation de Balarama est sur la cime d'une montagne élevée que l'on monte par une route escarpée. A une

(1) Sita, femme de Rama, avait été laissée par lui sous la garde de Lakshmana. Elle s'éprit d'un charmant oiseau qui vint se poser devant elle. Elle pria Lakshmana de courir après cet oiseau, et de tâcher de le lui rapporter. Lakshmana partit après lui avoir inutilement remontré l'imprudence de cette démarche. Avant de partir, il traça un cercle magique, disant à Sita que, tant qu'elle ne sortirait pas de ce cercle, il ne lui arriverait aucun malheur. Un mauvais génie, qui avait pris la forme de l'oiseau, revint bientôt, sous la figure d'un vieillard, se présenter devant Sita et implora son secours. Sita, touchée de compassion, sortit de l'enceinte qui lui avait été tracée, et fut enlevée par le mauvais génie.

certaine hauteur, la montagne est tout à
fait à pic. J'y grimpai en m'accrochant
aux buissons. Cette habitation est tout
simplement un rocher qu'on dit avoir été
d'or autrefois. Ce misérable rocher ne
valait pas la peine que je m'étais donnée,
mais je fus récompensé par la vue du magnifique tableau qui s'offrit à mes yeux.
De là on voit d'un côté toute la vallée de
Kachmir, et de l'autre côté des montagnes
qui s'étendent au loin, bordées par la
cime neigeuse de l'Himalaya. Tout près
de là sont les sources du Krishna Ganga.

Ces pays ont été longtemps à se sou-
mettre à Randjit-Singh. Ils ne songeaient
pas à se révolter après sa mort. J'admi-
rais ces sveltes montagnards qui sautaient
de rocher en rocher avec leurs longs ba-

bits. Dans les passages difficiles ils m'enlevaient avec eux.

Ce fut là le terme de mes excursions dans la vallée. Je n'en avais pas seulement vu la moitié.

Les obstacles continuels à mes excursions m'empêchèrent de lever une carte de Kachmir. Pendant quatre mois entiers que j'y suis resté, j'en aurais eu le temps. Peut-être le dessein avoué de le faire a-t-il été la cause des obstacles que j'ai rencontrés. Le gouverneur de Kachmir est aussi intéressé que le gouvernement de Lahore à entraver toute exploration qui ferait connaître les ressources du pays, parce qu'il peut craindre d'être obligé de payer un tribut plus fort. Chaque chef de district en particulier a le même intérêt par rapport

au gouverneur. Je ne pus obtenir aucun
renseignement sur l'industrie. On fabrique à Kachmir le plus beau papier de
toute l'Inde, un fort joli papier glacé. Je
ne fus pas admis à visiter cette fabrique.
Je visitai seulement des ateliers de châles.
Les meilleurs ouvriers en châles gagnent
deux ou trois *anas* par jour, environ six
sous, qui leur sont donnés en nature. Ils
sont à la disposition du gouverneur. Les
admirables dessins de châles sont faits
d'imagination. Je vis le plus célèbre ar-
tiste, Mahmoud Djo, en composer devant
moi. Il laissait simplement courir son
crayon. Aucune fleur, aucune plante à
Kachmir n'a d'analogie avec ces dessins.
D'ailleurs l'incapacité où ils sont de représenter un objet naturel quelconque

exclut toute idée de représentation réelle. Dans les châles fabriqués pour les natifs, ils dessinent des arbres, des oiseaux et des animaux. Tout y est grossier et méconnaissable. Auprès de ces dessins les tapisseries des vieux châteaux sont des chefs-d'œuvre. Mais ils ont un talent extraordinaire pour varier les dessins de lignes. Le travail de leurs boiseries est d'une délicatesse infinie. Les renseignements qui me furent donnés sur le commerce des châles étaient contradictoires, et je ne pus y ajouter aucune confiance. En général, il faut se défier de tous les renseignements donnés par les Kachmiriens, qui sont les plus grands menteurs du monde. Ils soutiennent effrontément un fait dont on peut vérifier la fausseté à leurs yeux mêmes. La plus belle paire de châles longs se paye à Kachmir 3,000 fr. Il faut ensuite payer les droits de sortie de Kachmir et beaucoup d'autres encore pour les faire arriver en Europe. Évidemment les commerçants ne les payent pas si cher. On trouve à l'entrepôt d'Amritsir de bien plus beaux châles qu'à Kachmir même.

La terre de Kachmir est très-fertile. On voit dans des éboulements une profondeur de cinquante à soixante pieds de terre noire végétale. On fait deux récoltes chaque année, l'une de blé en juin, et la seconde de riz en octobre. Cette dernière récolte manque quelquefois, à cause des froids hâtifs. Chaque champ cultivé est arrosé d'une source. Les terres, même les plus fertiles, qui ne sont pas arrosées, sont incultes. Il y pousse tous les arbres fruitiers de l'Europe, excepté l'olivier (1). Le raisin est très-bon, surtout une espèce sans pépins. On fabrique du vin. Celui que le gouverneur m'envoyait, et dont j'ai bu dans une autre petite cour indienne, a un goût de vin antiscorbutique. Il est très-spiritueux. Les sikhs l'aiment beaucoup. Le gouverneur était quelquefois ivre plusieurs jours de suite. Le raisin et la noix dont on fait l'huile sont monopolisés par le gouverneur. Il fallait lui écrire pour en avoir. On trouve beaucoup de peupliers, de trembles, de saules et quelques ormes. Le platane *cheunar* y atteint une

(1) M. Vigne y a vu des oliviers sauvages.

grosseur extraordinaire. Il n'y a pas de
chênes ni de hêtres. Ce serait un cadeau
à faire à ce pays. Shah-Çaheb y avait introduit la culture de la pomme de terre
dans ses jardins, mais elle n'est pas du
goût des natifs. Le chanvre et l'avoine
sont considérés comme plantes sauvages.
Le lin n'est cultivé que pour la graine,
dont on fait de l'huile.

Kachmir est le paradis de l'Inde, mais
ne l'est pas pour les malheureux qui l'habitent. Rien ne peut exprimer la misère
et l'oppression qui pèsent sur le labou-
reur et l'artisan. Aussi y voit-on beaucoup de mendiants. Ils sont plus sûrs de
gagner leur vie à mendier qu'à travailler.
Le pays était dans ce moment dépeuplé
à cause d'une famine affreuse causée par

les déprédations de Shere-Singh, le roi actuel de Lahore. Un grand nombre avaient émigré à Loudiana. A l'époque où j'étais à Kachmir, il était défendu sous des peines très-sévères de quitter le pays.

La vallée est très-marécageuse, et dans les plaines on est exposé à des fièvres et à des ophthalmies continuelles. Les habitants sont sujets au goître.

Une certaine classe d'hommes a le type de la figure juive, type très-distingué, mais que chez beaucoup l'air bête rend peu agréable. Une autre race a la figure courte et l'air vif et spirituel. On voit quelques yeux bleus et des cheveux blonds. Il est singulier de retrouver dans ce pays les types de cagots et de crétins des Pyrénées.

Kachmir est très-intéressant à explorer dans l'intérêt des sciences naturelles, et n'offre pas moins d'importance pour les études littéraires et archéologiques. Il y a partout des monuments anciens, des ruines, des débris d'antiquité hindoue et des lieux de pèlerinage. On trouve des inscriptions et des médailles, et on trouverait, sans aucun doute, des inscriptions sur planches de cuivre. J'en demandai aux habitants; à leur air de surprise et d'embarras, il était facile de voir qu'ils en possédaient. Ils répondaient qu'ils en avaient eu autrefois, mais que les Patans les avaient prises et jetées dans le Djaloum. Je ne fus pas assez heureux pour vaincre leurs scrupules. On ne trouverait probablement pas de médailles précieuses d'or et d'argent en s'adressant directement à eux. Ils craindraient trop d'être inquiétés par le gouvernement, qui leur supposerait des richesses de ce genre; mais il y a des natifs qui savent maintenant que les Européens s'intéressent à ces médailles, à ces pierres, à ces inscriptions, et sans doute ils chercheront à s'en procurer pour être agréables à un voyageur (1).

Enfin il reste toute la carte de Kachmir à faire, service utile non-seulement à la géographie, mais encore à l'histoire

(1) Le plus aimable habitant de Kachmir était Shah-Çaheb, dont on ne peut assez vanter le dévouement pour les Européens. Shah-Çaheb mourut, peu après mon départ, dans un voyage qu'il fut obligé de faire à Lahore pour rendre compte de sa conduite auprès du gouvernement, dont il avait excité la défiance. Il avait auprès de lui plusieurs personnes qui probablement continueront leurs bons offices aux Européens.

de l'Inde, dont elle pourrait servir à éclaircir quelques points douteux.

La langue des Kachmiriens est presque sanskrite. Avec le sanskrit, je comprenais les mots isolés. Ils ont beaucoup de livres, sans doute des traductions de livres sanskrits; mais pour avoir un pandit qui enseigne la langue, pour obtenir des livres et en général pour payer les moindres services, il faut énormément d'argent. Il faut aussi avoir divers objets à offrir en cadeau. L'usage est de s'aborder en se faisant des présents. J'étais absolument dénué de tout, je n'osais demander à personne le moindre service. Le gouvernement de Lahore avait complétement défrayé Jacquemont et les voyageurs qui vinrent après lui. Je reçus moi-même beaucoup de secours, sans quoi je n'aurais pu vivre à Kachmir. Je le répète encore, m'étant malheureusement confié aux récits des voyageurs, aux paroles de l'un d'eux qui revenait du pays, et aux pompeuses promesses d'une personne fort honorable qui l'habitait, j'avais négligé de prendre les précautions nécessaires pour exécuter le voyage.

J'ajouterai que dans tous ces pays on ne court aucun danger. Une fois accueilli par le gouvernement, on est parfaitement gardé et traité très-honorablement. Les Orientaux sont très-polis et très-affables. On a prétendu que la politesse et la douceur de mœurs venait de l'influence des femmes dans la société, et que les peuples les plus polis étaient ceux chez lesquels cette influence est plus grande. En Orient les femmes ne paraissent pas en public, elles n'ont aucun pouvoir, et pourtant rien ne peut exprimer la grâce de manières et l'esquise politesse des Orientaux de la haute société. Toujours beaucoup de prévenances, un grand soin d'écouter et de répondre par des paroles agréables. Jamais d'emportements ni de brusqueries. Il faut seulement se défier de leurs belles paroles et de leurs promesses, et aussi de celles des personnes qui ont longtemps vécu parmi eux. J'en ai fait l'expérience.

CHAPITRE VIII.

Je quittai Kachmir le 25 octobre. J'é-
tais obligé de parcourir la même route
par laquelle j'étais venu. Cette circonstance me contraria d'abord, mais le pays
fut comme nouveau pour moi. Je l'avais
traversé à l'époque de la fonte des neiges, elles étaient maintenant fondues,
les torrents étaient à sec, et je pus décou-

vrir la profondeur des abîmes que j'avais passés sur la neige. Je revis Lahore, où tout était tranquille. Quelques jours auparavant, le favori du roi avait été assassiné sous ses yeux dans son *derbar*. Il y avait alors beaucoup d'Anglais qui allaient à Caboul ou qui en revenaient. Ils étaient dans l'ivresse de leurs triomphes; leurs journaux parlaient déjà des vins exquis qu'ils fabriquaient à Caboul. Les événements ne permettaient guère de visiter le Pendjab. Je m'en consolai en songeant que j'étais absolument sans ressources.

Je repartis de Lahore à la fin de novembre. Le roi était absent; M. le général Court me présenta lui-même au premier ministre, et j'eus un *hélat* un peu plus soigné que le premier. On me demanda si j'avais été charmé du pays et si j'avais été bien traité. On me demanda ensuite si les habitants étaient satisfaits du gouverneur. Je ne fus pas peu surpris d'entendre M. Court me dire : Quant à ce dernier point, répondez la vérité franchement. J'avais toujours entendu faire beaucoup d'éloges du gouverneur, je n'avais pas moi-même à me plaindre de lui, car il ne pouvait être responsable des vexations qu'on m'avait fait subir, et ma réponse lui fut très-favorable.

Mon voyage de Lahore à Loudiana fut tout à fait insignifiant. Je voyais les mêmes pays que j'avais traversés quelques mois auparavant, plein d'espérances qui ne s'étaient pas réalisées.

Il faisait déjà très-froid. Je couchai plusieurs nuits à la belle étoile. Le lendemain je trouvais mon manteau couvert de givre. L'eau était gelée, la terre était dure et les cavités étaient remplies de glace. Il faut beaucoup de soins pour en fabriquer à Agra. Il était remarquable que les chameaux passaient la nuit sans abri, et ne paraissaient pas souffrir du froid.

Pour un amateur d'antiquité hindoue, il n'y a rien d'intéressant sur la route de Loudiana à Kurnaul, que les étangs de Thanesir. Ces étangs sont très-étendus. Un pont ruiné joint la terre à une île centrale d'où un empereur musulman faisait tirer sur les Hindous qui venaient faire leurs ablutions. Ces étangs sont dominés du côté du couchant par un long coteau. Thanesir est le théâtre de la grande bataille livrée entre les Kourous et les Pandous, qui décida de l'empire de l'Inde. Je pus dire avec le poëte :

« Gatavân asmi tan deçam youddham yatraâbhavat
» purâ.
» Kurûnâm Pàndâ vânân tcha sarvechán tcha ma-
» hikchitâm.
» (*Mahabarata* I.) »

« Je suis venu dans ce pays, où eut lieu autrefois le
» combat des Kourous et des Pandous, et de tous les
» rois de la terre. »

Ces admirables étangs, les beaux banians qui les ombragent, les vénérables Brahmanes à barbe blanche qui les habitent, le coteau qui les domine, où sans doute eut lieu la conversation entre Krichna et Ardjuna ; tout ce magnifique

spectacle, joint au souvenir des beaux
vers de la Bhagavat-Gitâ, qui les premiers m'ouvrirent le cœur au charme
de la poésie sanskrite, éveilla chez moi
mille vagues pensées de bonheur et de
poésie. J'espérais, en interrogeant les
lieux et les hommes, retrouver quelques
souvenirs vivants du drame célèbre dont
ce site fut le théâtre. Mais l'illusion dura
peu. Ces Brahmanes sont de la plus
crasse ignorance : à toutes les questions
ils répondent en demandant l'aumône.

Kurnaul est un vaste cantonnement
militaire. Le pays entre Loudiana et
Kurnaul appartient à des chefs natifs indépendants qui vivent en bonne harmonie avec le gouvernement anglais. Le
pays est très-boisé, presque tout en lan-

des et infesté de voleurs. Pendant que je traversais un bois, je cheminai quelque temps avec six cavaliers armés de lances, qui se disaient les serviteurs du radja de Patiala. Après m'avoir bien examiné, ils restèrent un peu en arrière. J'appris qu'à très-peu de distance de là ils avaient assassiné un voyageur. Il est rare que les voleurs attaquent les Européens, et il n'y a pas de pays où l'Européen voyage plus tranquillement que dans toute l'Inde. Le gouverneur anglais dans ces pays a pris la méthode des gouvernements natifs de rendre les thanadars, chefs de village, responsables des vols.

Sur la route, on trouve le canal de Shah-Nahour et les admirables caravansérails bâtis par les empereurs mogols.

Ils sont entourés de hautes murailles, fermés par des portes solides. Ils sont tout à fait à l'abri d'un coup de main. La crainte du magistrat anglais est maintenant plus puissante que ces hautes murailles. C'est dans le passage des pays indépendants à ceux qui dépendent de la compagnie qu'on apprécie les bienfaits de l'administration anglaise dans l'Inde. Il n'y a pas de préjugé national assez fort pour aveugler sur ce point. Néanmoins on ne peut s'empêcher de donner un souvenir de regret à une puissance déchue qui marqua son passage par de grandes institutions, de belles villes et tant de magnifiques monuments.

Entre Kurnaul et Delhi est la frontière de l'Inde anglaise, où est établie une douane. On ne visite presque jamais les bagages des Européens non commer-çants.

J'arrivai à Delhi, que je n'avais pas pu visiter à mon premier passage. Delhi est la ville de l'Inde la plus riche en monuments archéologiques hindous et musulmans. Le plus célèbre est le Couteub, la plus haute colonne du monde. Tout auprès est une cour carrée formée par des rangs de colonnes qui portent des traces de figures. Quelques pierres qui se détachent des murs en ruines portent aussi des figures de divinités hindoues. Au milieu de la cour est un pilier en airain sur lequel sont gravées deux inscriptions principales, dont j'ai pris une empreinte et une copie. Le Couteub est en pierres roses entremêlées de quelques pierres blanches. Il est couvert d'inscriptions arabes ainsi que les portes de la cour où est le pilier d'airain.

Un autre débris fort curieux est le Ferouz-Shah lath, situé sur un plateau au milieu de ruines informes. Il porte deux inscriptions bien connues. Celle qui a été expliquée par Colebrooke est en caractères devanagaris très-lisibles, sauf quelques lettres à la fin. Elle a été parfaitement transcrite dans son ouvrage.

Je copiai celle qui est en caractère lath.

Du Ferouz-Shah lath, on a d'un côté la vue des ruines de l'ancienne ville et du Couteub, et de l'autre côté la vue de la grande mosquée et des palais de la nouvelle ville. Delhi est aussi magnifique

par ses ruines que par ses monuments
modernes, et ne manque pas de tristes
réflexions sur la vanité des grandeurs de
ce monde. L'empereur s'intitule encore
le roi des rois comme aux temps où il
gouvernait l'Inde entière, Caboul et
Kachmir, mais il n'est plus qu'un vassal
soumis de la Compagnie. A une grande
fête musulmane où il déploie toute sa
pompe il était à peine accompagné de
quelques gardes mal équipés. Je me
trouvai un moment tout près de lui. Je
le vis donner la poignée de main à un
capitaine anglais.

A une petite distance de la ville est
un palais ayant servi quelque temps d'observatoire. Je pénétrai dans une caverne
obscure qu'on dit habitée par un démon.

Elle est habitée par des chacals et des chauves-souris qui venaient me battre la figure. Je portais moi-même la lanterne et marchais en avant. Rien n'avait pu décider mon domestique à me précéder. L'ouverture se rétrécit peu à peu. A une certaine distance on ne peut plus avancer, même en marchant sur les genoux et sur les mains. Le vol des chauves-souris sous ces voûtes sombres, et les chacals effrayés qui s'enfoncent dans leurs demeures souterraines, produisent des bruits fantastiques propres à effrayer l'imagination superstitieuse des natifs. On n'a jamais cherché à pénétrer jusqu'au bout de ce souterrain. Il y a généralement dans les palais des natifs de ces galeries souterraines destinées à donner de l'air frais aux appartements. J'espérais en y pénétrant trouver quelque chambre comme sous le fort d'Allahabad, où sont conservés quelques monuments du culte religieux hindou. Je fus bien heureux d'en sortir sans avoir rencontré de scorpions ni de serpents.

Après un séjour d'un mois à Delhi, je repris ma vie errante. J'avais retrouvé ma tente, que j'avais laissée à mon premier passage pour partir plus vite à Lahore. Elle me fut d'une grande utilité. Je connaissais alors la langue et le pays, et je profitai des derniers beaux jours de ma vie de voyage. Je partais de grand matin, j'arrivais à la station, où je trouvais ma tente dressée, mon déjeuner, ma table et mes livres; tous les

jours la même maison et un pays nouveau. Vers le soir je recevais la visite des
habitants du village et je m'entretenais
avec eux. C'est le mode ordinaire de
voyager employé par les Européens. C'est
le plus long, mais c'est le plus commode
et le moins dispendieux. C'est aussi le seul
moyen d'obtenir des renseignements sur
le pays. Malheureusement ces renseignements sont peu importants. Les natifs
sont plus curieux d'écouter des nouvelles
que d'en dire. Quelques-uns apprenant
par les gens de ma suite que j'étais bien
accueilli des autorités anglaises, venaient
me prier d'intercéder pour eux. Le plus
souvent c'étaient de simples désœuvrés
de village pour qui ma tente était un but
de promenade, et une visite, un moyen

de passer le temps. Ils s'asseyaient devant moi, me regardaient; si je leur adressais la parole ils s'en allaient sans répondre. J'avais soin surtout de faire dresser ma tente auprès des endroits habités par des brahmanes et des faquirs hindous. Je ne gagnais pas beaucoup à leur voisinage. Comme je n'avais pas de roupies à leur donner, ils me dédaignaient. On les entend répéter pendant des heures de suite quelques mots isolés avec une forte accentuation nasale et une force de poumons tellement retentissante qu'elle n'a pas même l'avantage d'endormir. Mais près des eaux et de leurs habitations, on retrouve les détails de la vie ancienne, les prescriptions et les coutumes décrites dans les livres. Il y a dans l'aspect du pays et dans les moindres circonstances du jour, un je ne sais quoi qui rappelle l'Inde antique et sa poésie. J'écoutais leurs longues histoires entremêlées d'incidents qui donnent lieu à de nouvelles histoires, comme dans l'Hitopadeça. Quand le conte est fini, ils se demandent s'ils ont compris, et généralement ils répondent que non. Ils ne se piquent pas d'avoir de l'esprit. Souvent ils s'endorment tous, auditeurs et conteur.

J'ai quelquefois rencontré de petites cahutes isolées et éloignées des villages. Je demandais quels en étaient les habitants. On détournait tristement la tête sans me répondre. Je compris que c'étaient des Parias. Ils restent le jour dans de mauvaises cahutes en terre d'où ils

sortent la nuit pour chercher leur nourriture sur les animaux morts. Rien n'est
moins poétique que ces misérables créatures, sales, déguenillées, qui vivent au
milieu des immondices. Il est douteux
qu'il y ait des Parias riches. Des individus
qui ont perdu leur caste pour s'être livrés
à quelque occupation défendue se font
réintégrer avec de l'argent.

J'ai entendu parler de faquirs hindous
qui vivent de cadavres humains. Je n'ai
jamais été témoin de pareils repas, et
aucune personne recommandable ne m'a
confirmé cette horrible pratique, entièrement antipathique aux lois et aux mœurs
douces des Brahmanes. C'est probablement une calomnie inventée par les Musulmans.

10.

J'ai déjà donné un fort long détail des dépenses de voyage. Je faisais alors l'expérience de la nécessité de ces dépenses. Que de fois ai-je regretté d'être pauvre et de n'avoir pas auprès de moi un Brahmane ou un natif respectable, pour m'accompagner et faciliter mes recherches et mes études!

Une ville très-curieuse est Luchnow, la nouvelle capitale du royaume d'Oude. Elle se divise en ancienne et nouvelle ville. La ville ancienne, comme toutes les grandes villes de l'Inde, fait, de loin, un effet magnifique à cause des coupoles dorées de ses édifices. Mais au bas sont des rues bordées de murs sombres ou de petites boutiques protégées par des bannes en chaume. Au milieu des rues est un égout d'eau croupie, dont l'odeur, qui se mêle à celle du *houka* (instrument pour fumer) et du beurre fondu, fait un parfum particulier aux villes de l'Inde qu'on n'oublie plus. L'aspect des rues marchandes est très-animé, surtout le soir, où l'éclat et le mouvement des lumières ajoute à l'effet.

Dans la nouvelle ville, sont des rues à arcades et des palais peu élevés, mais très-splendides, dont on ne soupçonne pas de loin l'existence. La mosquée, un grand palais avec un jardin, la porte de Rome, et un petit palais nouveau qui se font suite, forment une fantasmgorie d'édifices qui donne le souvenir du Louvre et des beaux quartiers de Paris. Luchnow est plein de statues anciennes et modernes. L'Hercule, l'Apollon, la Vénus, les bergers et les bergères de Louis XIV et de Louis XV s'y trouvent. Il y a des vendeurs d'eau fraîche qui frappent sur des tasses en métal, comme les marchands de coco, des marchands de légumes et de fruits qui crient leur marchandise. Quand on est depuis longtemps accoutumé à la figure et à l'habillement des natifs, on peut se faire illusion et se croire à Paris.

A deux lieues de Luchnow est Constantia, palais bâti par le général Lamartinière. Il l'avait construit pour le nabab, qui ne voulut pas lui en donner le prix. C'est à présent son tombeau. On peut y habiter un mois sans rien payer. Si aucun voyageur ne réclame la place, on peut y rester aussi longtemps qu'on veut.

Probablement cette fondation bienfaisante aura, avec le temps, le sort des autres de ce genre. On a déjà commencé à économiser la lumière qui devait éclairer la tombe et l'escalier par lequel on y descend.

Le roi d'Oude faisait exécuter de grands travaux par les ingénieurs anglais. On lui construisait un observatoire dans un trou. L'ingénieur chargé des travaux me fit observer que, dans l'Inde, à cause des vapeurs qui obscurcissent l'atmosphère, on ne pouvait voir les astres qu'à une grande hauteur sur l'horizon. C'est le roi d'Oude qui paye.

Il y a à Luchnow une très-belle ménagerie qui enferme une collection d'oiseaux rares et une grande quantité de tigres. Ces tigres sont enfermés dans des cages en bois. Quelquefois ils s'échappent. Il y en a de très-doux qui se laissent caresser, d'autres sont toujours furieux.

Je vis des combats d'éléphants, pour lesquels les natifs sont très-passionnés. On amène sur une arène deux de ces nobles animaux. D'abord ils refusent le combat, mais, peu à peu excités par les coups de leurs gardiens et par les clameurs de la foule, ils s'élancent l'un contre l'autre et se donnent des chocs furieux. Quand le combat se prolonge et paraît trop animé, on les sépare en tirant des fusées.

J'eus occasion à Luchnow de voir quelques Thugs (étrangleurs), qui étaient prisonniers. Je demandai à l'un d'eux, séduisant par ses manières polies et par son air distingué, combien il avait étranglé d'hommes. Il me répondit très-tranquillement : « A peu près quarante-cinq à cinquante. » Il n'avait pas plus de trente-cinq ans. Je lui dis de me montrer comment il s'y prenait et de faire l'expérience sur moi. Il s'y refusa, soit par respect, soit par crainte d'être tenté de pousser les choses trop loin. Tout le monde a entendu parler de ces abominables sectaires, qui étranglent à la fois pour voler et pour se concilier les faveurs de la déesse *Kali*, qui parlent de leurs exploits comme un chasseur de sa chasse, et des lieux propres à attirer les voyageurs comme de remises pour le gibier.

Les procédures criminelles dirigées contre eux ont fait découvrir qu'ils se donnaient le mot d'ordre, qu'ils se réunissaient par bandes venues de pays éloignés à un point longtemps déterminé d'avance, qu'ils enveloppaient ainsi des caravanes de voyageurs, et qu'au signal donné, ils en étranglaient des centaines à la fois. Ils ont entre eux un langage particulier. Quelques-uns prétendent que c'est dans les cavernes d'Ellora, près Bombay, que sont écrits les préceptes de leur association. La Compagnie en poursuit vigoureusement l'extermination. Jusqu'alors les gouvernements natifs les poursuivaient mollement, la plupart même les protégeaient en secret, pourvu qu'ils eussent part aux dépouilles. Encore maintenant on découvre que les chefs de police des villages sont de connivence avec eux.

La Compagnie ne poursuit pas avec moins de vigueur les Dacoits ou voleurs à main armée. Des officiers adroits et bien versés dans les langues du pays reçoivent à cet effet des commissions spéciales.

Fyzabad est l'ancienne capitale du royaume d'Oude. La route de Luchnow à Fyzabad est très-jolie, plantée de bosquets de manguiers. C'est une promenade continuelle dans un parc.

Fyzabad conserve les traces de son ancienne splendeur et ne devait pas démentir son nom, qui signifie « la ville de la munificence. » Elle a encore un très-beau bazar et des monuments importants, mais qui n'ont rien de bien remarquable.

Oude, à deux lieues de Fyzabad, est une ville hindoue dans le genre de Mathura et de Bindraband, qui n'a rien d'intéressant après ces deux villes, auxquelles elle est inférieure sous tous les rapports. C'était autrefois une des plus importantes villes de l'Inde. La place est particulièrement consacrée à Rama. On montre des monticules et des décombres qu'on dit avoir été les habitations de Rama, de sa femme Sita, de Lakshmana et du général des singes Hanouman. Il y a beaucoup de singes qui sont sacrés. La ville, comme toutes les villes de pèlerinage, est encombrée de faquirs dont toute l'occupation est de se baigner, de réciter des prières et de faire des enfants aux femmes des maris impuissants. Les maris vont eux-mêmes requérir leurs services.

La route de Fyzabad à Sultampour a le même aspect que celles de tout le pays d'Oude, très-boisé et offrant partout d'excellents abris sous les ombrages des manguiers. La ville de Sultampour est baignée par le Gogra. Dans la rivière sont des pierres couvertes d'un peu de terre. C'est, dit-on, un pont construit par les singes de Rama quand il revint à Oude, après la conquête de Lanka. Je ne m'attendais pas à trouver d'aussi poétiques ruines dans ce mauvais amas de pierres. Il y a aussi la tombe de cinq religieux musulmans tués dans un combat. La tradition en est assez confuse, et le monument n'est intéressant que pour le gardien, qui prélève un droit sur les pèlerins. Avant d'arriver à Sultampour on trouve d'énormes ravins et des monticules de terre. J'ai remarqué ces mêmes accident de terrain aux approches de toutes les grandes villes. Je n'ai pu en savoir la cause, qui paraît être purement accidentelle.

Je repartis de Sultampour le 25 mai, me séparant des plus aimables hôtes que j'aie rencontrés dans l'Inde. J'eus pour la première fois le regret de ma vie abandonnée et errante. Alors les vents chauds soufflaient dans toute leur violence. Qu'on se figure un vent brûlant qui souffle avec l'impétuosité de la tempête, depuis sept heures du matin jusqu'au soir, soulevant de larges tourbillons de poussière qui enveloppent l'espace de toutes parts et dérobent la vue du ciel. On éprouve la même sensation qu'à la bouche d'un four ardent. On voyage de très-grand matin et mieux encore une partie de la nuit. Pendant le jour on barre les portes des tentes avec des tapis en vétiver sur lesquels on jette continuellement de l'eau. L'air en passant par ces tapis se rafraîchit. Dans cette saison l'herbe se dessèche. Les plaines non arrosées ressemblent à un désert aride, mais les plus beaux arbres, les manguiers, la gloire de l'Inde, restent verts et offrent leurs délicieux fruits et leurs frais ombrages. On conçoit que le paradis ait été promis à celui qui plante un arbre.

Après cette sécheresse brûlante, la pluie tombe par torrents pendant trois mois consécutifs. Il est impossible de voyager. Tout est inondé. Les rivières débordent, les moindres ruisseaux deviennent des fleuves, et certaines contrées ressemblent par moments à de vastes lacs. Toute la terre est couverte de crapauds et de reptiles, l'air est obscurci de nuées d'insectes. Ils viennent se réfugier dans les maisons, qu'on est obligé de laisser ouvertes à cause de la chaleur. A cette époque, le corps fatigué par des transpirations continuelles est sujet à une éruption dartreuse appelée les bourbouilles, qui cause des démangeaisons intolérables. C'est aussi la saison où l'on contracte le plus aisément les maladies de foie.

Après la saison des pluies, le temps reste encore couvert. Le soleil, pompant l'humidité de la terre, forme de grands nuages qui interceptent l'air. Il fait une chaleur accablante. Des exhalaisons malsaines produites par la décomposition des corps de milliers d'animaux qui ont péri, occasionnent des fièvres épidémiques.

Enfin vient l'hiver, où l'on jouit de la température et du beau temps des étés de France.

Dans la belle saison de l'hiver, le soleil se lève précédé de magnifiques aurores. L'air est pur et frais, il n'y a pas de plus délicieux pays que l'Inde. Pendant ce temps le blé et les autres céréales croissent et mûrissent. On sème en octobre et on récolte en mars et en avril.

Quand les vents chauds commencent à souffler, le soleil est obscurci à son lever par des vapeurs épaisses qui en dérobent presque entièrement la vue. Aux approches de la saison des pluies, de larges montagnes de nuages s'amoncèlent au milieu des éclairs et du tonnerre, et des signes précurseurs de l'effroyable déluge qui inonde l'Inde. Ce sont les pluies qui donnent l'abondance, sans ces pluies l'Inde serait un désert inhabitable. C'est aussi l'époque où les troupeaux s'accroissent, où ils retrouvent sur la terre reverdie de quoi se nourrir. Aussi ces phénomènes de tempêtes et d'orages, partout ailleurs si terribles, sont-ils salués dans l'Inde par des acclamations de joie et des actions de grâce. Ces phénomènes natu-

rels qui ont dû frapper de bonne heure
l'imagination des poëtes, sont continuellement décrits dans les hymnes du Rig-
Veda. On y chante le soleil et les aurores
des beaux jours de l'année, les Marouts,
dieux des vents qui amènent les tempêtes et les pluies, les pluies qui amènent
l'abondance, et Indra, le dieu de la pluie,
qui donne la richesse et les troupeaux.
Au delà de l'Hymalaya, dans la vallée de
Kachmir, il n'y a ni vents chauds ni
pluies périodiques ; l'hiver y est glacé
comme dans nos climats; les pluies sont
peu nécessaires dans ces vallées bien arrosées, souvent même leur abondance
détruit les récoltes ; les tempêtes dans les
montagnes produisent la neige qui tombe
sur une terre stérile ou la foudre qui em-

brase des arbres et des forêts entières. A
Calcutta et dans le Bas-Bengale il y a des
pluies périodiques, mais il n'y a pas de
vents chauds. Ces circonstances peuvent
servir à déterminer dans quelles localités
ces hymnes ont été composés.

Entre Sultampour et Bénarès est Juanpour, où se trouve le seul pont en pierre
de toute l'Inde; le sol sablonneux et
les débordements des rivières ne per-
mettent pas d'en construire. Dans quelques années de crue extraordinaire ce
pont est entièrement submergé. Le fort
de Juanpour est encore imposant dans
ses ruines. Il n'est plus d'aucun usage.
Les Anglais sont tout à fait maîtres de ce
pays, dont le chef n'a qu'une indépen-
dance nominale.

Je passai la saison des pluies à Bénarès, puis je revins à Calcutta en visitant les différentes villes qui sont sur les bords du Gange. Une chose qui frappe péniblement est l'état de profonde démoralisation de la population native du Bas-Bengale. Dans les hauts pays, on trouve des voleurs et des mécréants de toute espèce; mais au moins ils ont un air de dignité dans la servitude et dans l'exercice du pouvoir. Dans les pays depuis longtemps soumis à la Compagnie, on est étonné de la bassesse et de l'insolence des natifs. Les Anglais ont établi l'ordre matériel, mais il s'en faut bien qu'ils aient établi l'ordre moral. Le moindre pouvoir entre les mains d'un natif est un instrument d'oppression et de rapine.

Les domestiques et les employés subalternes sont bassement voleurs, menteurs, fripons et ivrognes. Ils ont pris tous les vices de la basse classe européenne. Un de mes domestiques que j'avais amené des hauts pays se perdit avec eux après m'avoir souvent répété qu'il n'avait jamais connu de si mauvaises gens. Les commerçants, depuis qu'ils comptent sur les chicanes des tribunaux anglais, ont banni la bonne foi de leurs transactions.

J'avais déjà vu toutes les villes situées sur le Gange. Ainsi que je l'ai dit, elles ne présentent aucun monument curieux d'antiquité hindoue. Les eaux étaient encore fort élevées et les bas-reliefs des rochers de Sultangonge n'étaient pas découverts. J'arrivai à Calcutta à la fin de septembre, où je m'occupai tristement de mes préparatifs de départ. Mes ressources étaient entièrement épuisées, et il me fallut jeter le dernier regard d'adieu et de regret sur cette terre où il me restait encore tant à voir.

FIN.

TABLE DES MATIÈRES.

LIVRES

SANSCRITS, HINDOUSTANIS, ETC.,

Ouvrages relatifs à l'Histoire et à la Littérature des peuples de l'Inde, qui se trouvent à la Librairie de BENJAMIN DUPRAT, *rue du Cloître Saint-Benoît, n° 7.*

THE MAHABHARATA, an epic poem, written by the celebrated Veda Vyasa Rishi. — *Calcutta*, 1834-39; 4 vol. in-4° br.   160 fr.

HARIVANSA, ou Histoire de la famille de Hari, ouvrage formant un appendice du Mahabharata, et traduit sur l'original sanscrit par M. A. Langlois. — *Paris*, 1834-35; gr. in-4°, 2 vol.   70 fr.

THE RAMAYUNA OF VALMEEKI, in the original sungskrit, with a prose translation. By William Carey and Joshua Marshman. — *Serampore*, 1806; 3 vol. in-4°. Veau gaufré.

RAMAYANA, id est Carmen epicum, De Ramæ rebus gestis, poetæ antiquissimi Valmicis opus. Textum codd. Mss. collatis recensuit Aug. Guil. Schlegel. —*Bonnæ*, 1829; 4 parties gr. in-8° cart.   120 fr.

(La 4e partie n'est pas encore publiée.)

YADJNADATTABADHA, ou la mort d'Yadjnadatta, épisode extrait du Ramayana, poëme épique sanscrit, donné avec le texte gravé, une analyse grammaticale très-

détaillée, une traduction française, et des notes, par
A. L. Chézy. — *Paris*, 1826 ; in-4º, br.   15 fr.

YADJNADATTABADHA, ou la mort d'Yadjnadatta, épisode
du Ramayana, publié en sanscrit, par A. Loiseleur-
Deslongchamps. — *Paris*, 1829; in-8º, br.   3 fr.

THE SANKHYA KARIKA, or Memorial verses on the sankhya
philosophy, by Iswara Krishna ; translated from the
sanscrit by Colebrooke, also the Bhashya or commen-
tary of Gaurapada ; translated and illustrated by an
original comment, by Horace Hayman Wilson. —
Oxford, 1837 ; in-4º, cart.   13 fr. 50 cent.

RIGVEDA-SANHITA, liber primus, sanskritè et latinè ; edidit
Fridericus Rosen. — *London*, 1838 ; in-4º, cart. 27 fr.

ÉTUDES SUR LES HYMNES DU RIG-VÊDA, par M. F. Nève.
Paris, 1842 ; in-8º, br.   3 fr.

SANHITA OF THE SAMA VEDA, from Mss. prepared for
the press by the Rev. J. Stevenson, and printed
under the supervision of H. H. Wilson. — *London*,
1843 ; in-8º cart. en percaline.   18 fr.

TRANSLATION OF THE SANHITA OF THE SAMA VEDA, by
J. Stevenson. — *London*, 1842; in-8º.   10 fr.

LE BHAGAVATA PURANA, ou histoire poétique de Krichna,
traduit et publié par M. Eugène Burnouf. Tome 1er.
— *Paris*, 1840; in-folio, cart.   90 fr.

LOIS DE MANOU, publiées en sanscrit, avec des notes,
par Aug. Loiseleur-Deslongchamps. — *Paris*, 1830 ;
in-8º. br.   18 fr.

MANAVA-DHARMA-SASTRA. Lois de Manou, comprenant
les institutions religieuses et civiles des indiens ; trad.
du sanscrit et accompagnées de notes par A. Loiseleur-

Deslongchamps. — *Paris.* 1833 ; in-8º, br.   8 fr.

INSTITUTES OF HINDU LAW : or the ordinances of Menu,
according to the gloss of Calluca ; comprising the
indian system of duties, religious and civil ; translated from the sanscrit, with a preface, by William
Jones. *Lond.* 1796. In-8º.   7 fr. 50 c.

INSTITUTES OF HINDU LAW : or the ordinances of Menu, by
Gr. Ch. Haughton. — *London,* 1825 ; in-4º, cart. 55 fr.

RAGHUVANSA, Kalidasæ carmen, sanskritè et latinè edidit Adolphus Frider. Stenzler. — *London,* 1832 ;
in-4º, br.   26 fr. 50 c.

KUMARA SAMBHAVA, Kalidasæ carmen, sanskritè et latinè
edidit Stenzler. — *Berlin,* 1838 ; in-4º. 13 fr. 50 c.

LA RECONNAISSANCE DE SACOUNTALA, drame sanscrit et
pracrit de Calidasa, accompagné d'une traduction
française, par Chézy. — *Paris,* 1830 ; in-4º.   25 fr.

ÇAKUNTALA ANNULO RECOGNITA, drama Indicum Kalidasæ adscriptum. Textum codd. Mss. collatis recensuit Otto Boehtlingk. — Fasc. 1, textum sanskritum
et pracritum tenens. *Bonnæ,* 1841 ; in-8º. — Fasc. II.

KALIDASA'S RING-ÇAKUNTALA, herausgegeben, uebersetzt
und mit Anmerkungen versehen von Dr Otto Boehtlingk. — *Bonn,* 1842 ; in-8º. Les deux livraisons
ensemble.   32 fr.

SAKUNTALA ODER DER ERKENNUNGSRING, ein Indisches
Drama von Kalidasa ; aus dem Sanskrit und Prakrit.
übersetzt von Hirzel. — *Zurich,* 1833 ; in-8º. 6 fr.

GYMNOSOPHISTA SIVE INDICÆ PHILOSOPHIÆ DOCUMENTA,
collegit, edidit, enarravit Chr. Lassen. vol. 1, fasc. 1.
— *Bonnæ,* 1832 ; in-4º, br.   6 fr.

The Mythology of the Hindus, with notices of various
mountain and Island Tribes, inhabiting the two pen-
insulas of India, etc., with plates, illustrative of the
principal hindu Deities, by Ch. Coleman.—*London*,
1832; in-4°, cart. angl.   40 fr.

A view of the history, literature, and Mythology of
the Hindoos: including a minute description of their
manners and customs; by William Ward. — *London*,
1822; 3 vol. in-8°, demi-rel.   45 fr.

Hitopadesa, the sanskrit text of the first book, or Mi-
tra-Labha, with a grammatical analysis, by Francis
Johnson. — *London*, 1840; in-4°, cart.   20 fr.

An historical Sketch of sanscrit literature, with
copious bibliographical notices of sanscrit works and
translations, from the German of Adelung. — *Oxford*,
1832; in-8°, cart.   7 fr. 50 c.

Grammatica Sanskrita; edidit Othmarus Frank.—*Wir-
ceburgi*, 1823; in-4°, cart.   20 fr.

Chrestomathia Sanskrita, quam versione, expositione,
tabulis grammaticis illustratam edidit Othmarus
Frank. — *Monachii*, 1821; 2 vol. in-4°, cart. 35 fr.

An Introduction to the grammar of the sanskrit
language, by H. H. Wilson. — *London*, 1841; in-8°,
cart. angl.   25 fr.

A Dictionary in Sanskrit and English; translated,
amended and enlarged from an original compilation,
by H. H. Wilson, second edition. — *Calcutta*, 1832;
gr. in-4°.   180 fr.

Amarakocha, ou vocabulaire d'Amarasinha publié en
sanskrit, avec une traduction française, par A. Loi-

seleur-Deslongchamps. — Partie 1re. — *Paris*, 1839;
gr. in-8°, br.   16 fr.

INSTITUTIONES LINGUÆ PRACRITICÆ; scripsit Christianus
Lassan. *Bonnæ ad Rhenum*, 1837, In-8°.   30 fr.

LE MONITEUR INDIEN, renfermant la description de
l'Hindoustan et des différents peuples qui habitent ce
pays; des détails sur la religion et les principales fêtes
et cérémonies des indigènes, etc. par J. F. Dupeuty-
Trahon. — *Paris*, 1838; in-8°, br.   5 fr.

THE EAST INDIA VOYAGER, or ten minutes advice to the
Outward Bound, by Emma Roberts. — *London*, 1839;
in-8°, cart. angl.   9 fr.

RECHERCHES HISTORIQUES SUR LA CONNAISSANCE QUE LES
ANCIENS AVAIENT DE L'INDE, etc., traduit de l'anglais
de W. Robertson, avec deux grandes cartes. — *Paris*,
1792; in-8°, rel. en veau.   5 fr.

THE HISTORY OF INDIA, by Mountstuart Elphinstone.
With a map. — *London*, 1841; 2 vol. in-8°. 40 fr.

A MEMOIR OF CENTRAL INDIA, including Malwa, and
adjoining provinces, etc., by sir John Malcolm. With
maps. Third edit.—*London*, 1832; 2 vol. in-8°. 35 fr.

TRAVELS IN KASHMIR, LADAK, ISKARDO, the countries
adjoining the Mountain-Course of the Indus, and the
Himalaya, North of the Panjab, by VIGNE. With plates
and a map. — *London*, 1842; 2 vol. in-8°.   47 fr.

AN ACCOUNT OF THE KINGDOM OF NEPAL, and of the ter-
ritories annexed to this Dominion by the House of
Gorkha, by Francis Hamilton (formerly Buchanan.)
Illustrated with engravings. — *Edinburgh*, 1819;
in-4°, demi-rel.   25 fr.

The expedition into Affghanistan; notes and sketches descriptive of the country, by James Atkinson. — *London*, 1842; in-8°, percaline. **14 fr.**

The military operations at Cabul, with a journal of imprisonment in Affghanistan, by lieut. Vincent Eyre. — *London*, 1843; in-8°, percaline. **15 fr.**

A Journal of the disasters in Affghanistan, 1841-42; by lady Sale. — *London*, 1843; in-8°. **15 fr. 50 c.**

Narrative of various journeys in Balochistan, Afghanistan, and the Panjab; by Ch. Masson. With plates. — *London*, 1842; 3 vol. in-8°, percaline. **54 fr.**

Narrative of a journey to Kalat, including an account of the insurrection at that place in 1840; and a memoir on Eastern Balochistan, by Ch. Masson. With a map. — *London*, 1843; in-8°, percaline. **18 fr.**

A Grammar of the Hindustani language, by John Shakespear. Fourth edition; to which is added a short grammar of the Dakhani. — *London*, 1843; in-4°, cart. **27 fr. 50 c.**

Rudiments de la langue hindoustani, par Garcin de Tassy; avec un appendice contenant des lettres hindoustani originales, accompagnées d'une traduction et fac-simile. — *Paris*, 1833; in-4°, br. **18 fr.**

Histoire de la littérature hindoue et hindoustani, par Garcin de Tassy. Tome Ier. In-8°. **15 fr.** — Le tome second est sous presse.

Les OEuvres de Wali, texte hindoustani; traduction et notes, par Garcin de Tassy. Gr. in-4°. **27 fr.**

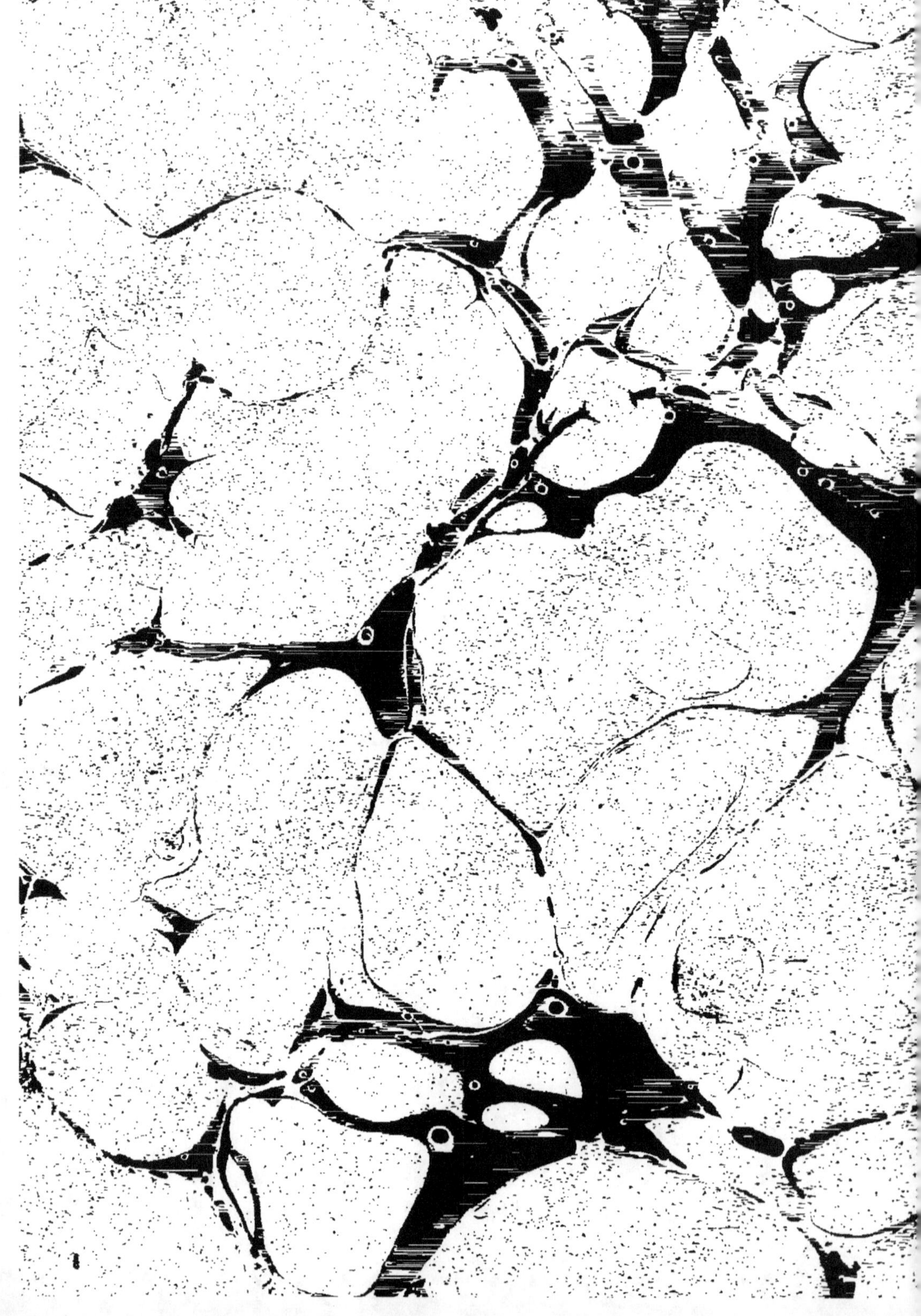

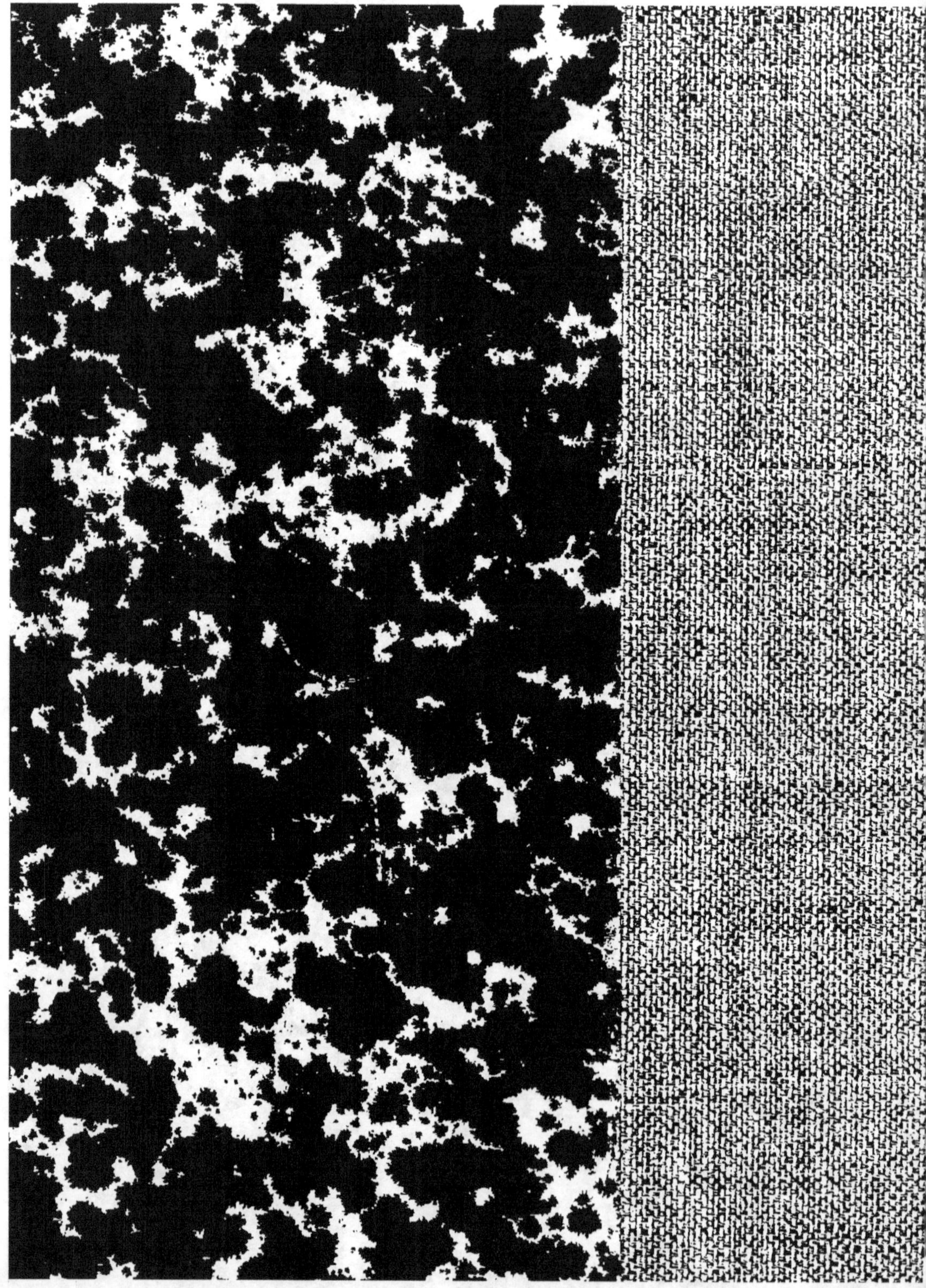